"十三五"江苏省高等学校重点教材

（编号：2020-2-101）

HTML5 跨平台开发基础与实战

新世纪高职高专教材编审委员会 组编

主　编　郑丽萍　王志勃
副主编　邢海霞　汪　燕　周　跃
　　　　汤承林　李小龙

大连理工大学出版社

图书在版编目(CIP)数据

HTML5跨平台开发基础与实战 / 郑丽萍,王志勃主编. -- 大连:大连理工大学出版社,2021.8
新世纪高职高专软件专业系列规划教材
ISBN 978-7-5685-2800-9

Ⅰ. ①H… Ⅱ. ①郑… ②王… Ⅲ. ①超文本标记语言－程序设计－高等职业教育－教材②HTML5 Ⅳ. ①TP312

中国版本图书馆CIP数据核字(2020)第243118号

大连理工大学出版社出版

地址:大连市软件园路80号 邮政编码:116023
发行:0411-84708842 邮购:0411-84708943 传真:0411-84701466
E-mail:dutp@dutp.cn URL:http://dutp.dlut.edu.cn
大连图腾彩色印刷有限公司印刷 大连理工大学出版社发行

幅面尺寸:185mm×260mm	印张:16	字数:389千字
2021年8月第1版		2021年8月第1次印刷

责任编辑:赵 部 责任校对:高智银
封面设计:张 莹

ISBN 978-7-5685-2800-9 定 价:51.80元

本书如有印装质量问题,请与我社发行部联系更换。

前 言

《HTML5 跨平台开发基础与实战》是"十三五"江苏省高等学校重点教材(编号:2020-2-101),也是新世纪高职高专教材编审委员会组编的软件专业系列规划教材之一。

通过本教材的学习,学生将掌握使用 HTML5、CSS3、JavaScript 及 Bootstrap 框架进行响应式 Web 应用程序开发的知识。本教材以培养职业能力为核心,以工作实践为主线,以项目为导向,采用案例式教学,兼顾界面布局样式与交互性,增加课程内容的视觉冲击力,以创建出更富交互性、更有趣、对用户更友好的前端应用。

本教材涉及的是国家"1+X"Web 前端开发职业技能证书考试的核心内容。本教材在编写过程中,既强调基础理论学习,结合前端技术的不断发展,通过相关案例详细介绍前端开发相关理论的实践运用,实现了理论学习的体系化,又与实践应用进行了结合,强化了对相关知识的理解。本教材以丰富的案例为载体,精心编排教学内容,设计了由易到难、层次递进的教学项目,并设计了贯穿知识体系的实战项目,让读者学以致用;实现了技术讲解与训练的合二为一,有助于"教、学、做"一体化教学的实施。本教材内容设计框架如下:

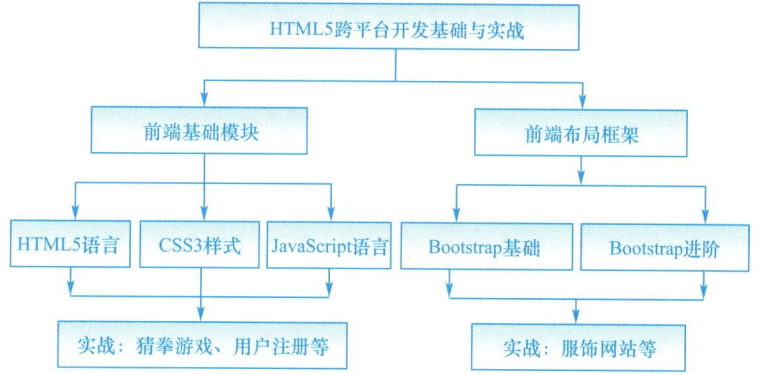

```
                HTML5跨平台开发基础与实战
                    ├─────────────┐
              前端基础模块         前端布局框架
           ┌──────┼──────┐      ┌──────┴──────┐
        HTML5语言 CSS3样式 JavaScript语言  Bootstrap基础  Bootstrap进阶
           │                              │
        实战:猜拳游戏、用户注册等        实战:服饰网站等
```

本教材作者有着多年的实际项目开发经验,并有着丰富的高职高专教育教学经验,完成了多轮次、多类型的教育教学改革与研究工作。

本教材的参考学时为64～90学时，建议采用理论实践一体化教学模式，各任务的参考学时安排如下：

任务	课程内容	学时
任务1	Web前端速览，实现猜拳游戏首页界面	2～4
任务2	HTML5常用标签和属性，实现调查问卷页面静态布局	8～12
任务3	CSS3基础，实现简洁立体菜单效果	12～16
任务4	JavaScript基础，实现猜拳游戏功能	8～10
任务5	JavaScript进阶及jQuery应用，实现注册|登录验证效果	8～12
任务6	Bootstrap初体验，实现响应式详情页面	4～6
任务7	Bootstrap进阶，实现响应式商品优惠列表	6～10
任务8	Bootstrap综合，实现响应式购物列表展示和管理	8～10
任务9	CSS3过渡、转换和动画，实现商品优惠列表评价信息滑入效果	6～8
课程考评		2
课时总计		64～90

本教材可以利用互联网信息技术开展线上与线下教学，包含了大量的微课视频、教学PPT等配套资源，方便教师教学和学生学习。

本教材由江苏电子信息职业学院郑丽萍、王志勃任主编，由江苏电子信息职业学院邢海霞、汪燕、周跃、汤承林及淮安瀚唐信息技术有限公司李小龙任副主编。具体分工如下：郑丽萍编写任务3、5、6、8、9，王志勃编写任务1、2、7，邢海霞编写任务4，汪燕、周跃负责整理习题，汤承林、李小龙负责整体设计。

在编写本教材的过程中，编者参考、引用和改编了国内外出版物中的相关资料以及网络资源，在此对他们表示深深的谢意！相关著作权人看到本教材后，请与出版社联系，出版社将按照相关法律的规定支付稿酬。

由于时间仓促，书中难免存在不妥之处，请读者原谅，并欢迎提出宝贵意见。

编　者
2021年8月

所有意见和建议请发往：dutpgz@163.com
欢迎访问职教数字化服务平台：http://sve.dutpbook.com
联系电话：0411-84706671　84707492

目 录

任务 1　实现猜拳游戏首页界面 ·· 1
　1.1　Web 前端简述 ·· 2
　　1.1.1　前端工程师 ·· 2
　　1.1.2　页面结构、样式和行为 ·· 3
　　1.1.3　HTML5 的优势 ·· 3
　　1.1.4　CSS3 的优势 ·· 3
　　1.1.5　JavaScript 及相关框架 ·· 3
　　1.1.6　Web 前端学习路线 ·· 4
　1.2　开发工具 ·· 5
　　1.2.1　选择开发工具 ·· 5
　　1.2.2　新建项目和文件 ·· 7
　　1.2.3　开发工具的调试技巧 ··· 10
　任务训练 ··· 13

任务 2　实现问卷调查页面静态布局 ·· 15
　2.1　HTML 的基本概念 ··· 15
　　2.1.1　HTML 简介 ·· 15
　　2.1.2　HTML 基本格式 ··· 18
　　2.1.3　HTML 注释语句 ··· 19
　2.2　HTML5 文档常用标签 ·· 19
　　2.2.1　文字段落相关标签 ··· 20
　　2.2.2　HTML 图像<img>元素 ·· 21
　　2.2.3　列表 ··· 22
　　2.2.4　表格 ··· 23
　　2.2.5　超链接 ··· 26
　　2.2.6　DIV 标签介绍 ··· 27
　　2.2.7　多媒体元素 ·· 27
　　2.2.8　HTML5 语义化标签 ··· 28
　　2.2.9　HBuilder 编辑器常用的快捷方式 ·· 31

2.3 HTML5 表单相关元素和属性 ·· 32
   2.3.1 表单的定义 ·· 32
   2.3.2 表单控件 ·· 33
   2.3.3 HTML5 表单常用新属性 ·· 37
任务训练 ·· 40

任务 3   CSS3 实现简洁立体菜单效果 ·· 43

3.1 CSS3 介绍 ·· 44
   3.1.1 样式表简介 ·· 44
   3.1.2 样式表的规则 ·· 44
   3.1.3 样式表注释方法 ·· 45
3.2 样式表的使用 ·· 45
   3.2.1 常用添加 CSS 的方法 ·· 45
   3.2.2 选择器的分类 ·· 47
   3.2.3 选择器的优先级 ·· 49
3.3 字体、颜色、背景与文字属性 ·· 49
   3.3.1 设置样式表的字体属性 ··· 49
   3.3.2 颜色及背景属性 ·· 51
   3.3.3 文本属性 ·· 53
3.4 边距、填充与边框属性 ·· 55
   3.4.1 边距与填充属性 ·· 55
   3.4.2 边框属性 ·· 56
3.5 列表属性 ·· 58
3.6 CSS 布局基础 ·· 63
   3.6.1 CSS 布局元素类型 ··· 63
   3.6.2 盒模型 ·· 63
   3.6.3 定位及尺寸属性 ·· 63
3.7 常用布局结构 ·· 65
   3.7.1 单行单列结构 ·· 65
   3.7.2 二列布局结构 ·· 66
3.8 CSS3 常用特效 ·· 68
   3.8.1 CSS3 盒阴影 ·· 68
   3.8.2 CSS3 文字阴影 ·· 70
   3.8.3 CSS3 渐变背景 ·· 71
3.9 弹性布局 ·· 73
3.10 兼容性处理 ··· 75
任务训练 ·· 78

任务 4　实现猜拳游戏功能 ... 81
4.1　JavaScript 简述 ... 82
4.1.1　常用的引入 JavaScript 的方式 ... 83
4.1.2　JavaScript 输出语句 ... 83
4.1.3　调试 JavaScript 程序 ... 85
4.1.4　页面结构、样式和行为 ... 87
4.2　数据类型和运算符 ... 87
4.2.1　数值型 ... 87
4.2.2　字符串型 ... 88
4.2.3　布尔型 ... 88
4.2.4　未定义值和空值 ... 89
4.2.5　数据类型的自动转换 ... 89
4.2.6　JavaScript 常用运算符 ... 89
4.3　变量和函数 ... 91
4.3.1　变量的命名与声明 ... 91
4.3.2　函数的定义与调用 ... 92
4.3.3　变量的作用域 ... 93
4.4　常用的内置函数 ... 94
4.5　基本语句 ... 95
4.5.1　编写 JavaScript 语句注意事项 ... 95
4.5.2　流程控制语句：分支结构 ... 95
4.5.3　流程控制语句：循环结构 ... 97
4.6　日期(Date)对象和数学(Math)对象 ... 99
4.6.1　日期(Date)对象 ... 99
4.6.2　数学(Math)对象 ... 99
4.7　DOM 基础 ... 100
4.7.1　DOM 对象意义 ... 100
4.7.2　获取元素对象的一般方法 ... 101
4.7.3　DOM 元素的 innerHTML 属性的应用 ... 102
4.7.4　DOM 事件 ... 102
4.8　动态改变元素样式 ... 104
任务训练 ... 107

任务 5　实现注册|登录验证效果 ... 110
5.1　DOM 进阶 ... 112
5.1.1　DOM 节点常用的属性和方法 ... 112
5.1.2　导航节点关系 ... 113

5.1.3　新增的几种常用方法和属性 ……………………………………………… 114
　5.2　表格动态操作 …………………………………………………………………… 116
　　5.2.1　动态插入行和单元格 ………………………………………………………… 116
　　5.2.2　动态删除某行 ………………………………………………………………… 117
　5.3　数组（Array）对象 ……………………………………………………………… 117
　　5.3.1　数组的创建与访问 …………………………………………………………… 117
　　5.3.2　数组对象的常用属性与方法 ………………………………………………… 118
　　5.3.3　定时器函数 …………………………………………………………………… 122
　5.4　字符串（String）对象 …………………………………………………………… 124
　　5.4.1　使用字符串对象 ……………………………………………………………… 124
　　5.4.2　字符串对象的属性与方法 …………………………………………………… 125
　　5.4.3　字符串对象应用案例 ………………………………………………………… 126
　5.5　JavaScript 正则表达式 ………………………………………………………… 126
　　5.5.1　正则表达式中常用符号 ……………………………………………………… 126
　　5.5.2　正则表达式对象常用方法 …………………………………………………… 128
　　5.5.3　表单应用 ……………………………………………………………………… 128
　5.6　本地存储 ………………………………………………………………………… 130
　　5.6.1　Web 存储简介 ………………………………………………………………… 130
　　5.6.2　Web 存储的使用 ……………………………………………………………… 130
　5.7　jQuery 简介 ……………………………………………………………………… 131
　　5.7.1　jQuery 工厂函数 ……………………………………………………………… 132
　　5.7.2　jQuery 选择器 ………………………………………………………………… 132
　　5.7.3　创建 jQuery 应用 ……………………………………………………………… 133
　任务训练 ……………………………………………………………………………… 140

任务 6　实现响应式详情页面 ……………………………………………………… 143

　6.1　Bootstrap4 初体验 ……………………………………………………………… 144
　　6.1.1　Bootstrap4 相关文件的引用 ………………………………………………… 144
　　6.1.2　移动设备优先 ………………………………………………………………… 145
　　6.1.3　布局容器样式类 ……………………………………………………………… 146
　　6.1.4　响应式图像 …………………………………………………………………… 147
　6.2　Bootstrap4 颜色设置 …………………………………………………………… 148
　　6.2.1　Bootstrap4 颜色 ……………………………………………………………… 148
　　6.2.2　Bootstrap4 各色按钮 ………………………………………………………… 148
　　6.2.3　Bootstrap4 信息提示框 ……………………………………………………… 150
　　6.2.4　Bootstrap4 Jumbotron ……………………………………………………… 151
　任务训练 ……………………………………………………………………………… 154

任务 7　实现响应式商品优惠列表 ·· 156
7.1　Bootstrap4 网格系统 ·· 157
7.1.1　Bootstrap4 网格样式类 ·· 157
7.1.2　Bootstrap4 网格系统的使用 ·· 157
7.2　Bootstrap4 常用组件 ·· 159
7.2.1　Bootstrap4 导航 ·· 159
7.2.2　Bootstrap4 选项卡 ·· 161
7.2.3　Bootstrap4 导航栏 ·· 163
7.2.4　Bootstrap4 列表组 ·· 168
7.2.5　Bootstrap4 卡片 ·· 169
7.2.6　Bootstrap4 折叠 ·· 170
7.2.7　Bootstrap4 表格 ·· 173
7.2.8　Bootstrap4 轮播 ·· 176
任务训练 ·· 180

任务 8　实现响应式购物列表展示和管理 ·· 182
8.1　Bootstrap4 表单相关组件 ·· 183
8.1.1　Bootstrap4 表单 ·· 183
8.1.2　Bootstrap4 单、复选框 ·· 188
8.1.3　Bootstrap4 模态框 ·· 192
8.2　Bootstrap4 弹性布局 ·· 195
8.2.1　Bootstrap4 内外边距样式类的引用 ·· 195
8.2.2　Bootstrap4 Flex(弹性)布局 ·· 196
8.2.3　Bootstrap4 多媒体对象实现服饰列表页 ·· 197
任务训练 ·· 213

任务 9　实现商品优惠列表评价信息滑入效果 ·· 215
9.1　CSS3 过渡(transition) ·· 216
9.1.1　CSS3 过渡(transition)简介 ·· 216
9.1.2　过渡效果的使用 ·· 216
9.2　CSS3 2D 转换(transform) ·· 221
9.2.1　scale()方法 ·· 221
9.2.2　translate()方法 ·· 222
9.2.3　rotate()方法 ·· 223
9.2.4　skew()方法 ·· 224

9.3 CSS3 动画(animation) 225
9.3.1 CSS3 动画简介 225
9.3.2 动画效果的使用 225
9.3.3 动画效果综合应用 231
9.4 拓展:常用的 3D 转换 234
9.4.1 3D 转换常用属性和方法 234
9.4.2 3D 转换 rotateX()和 rotateY()的使用 234
9.4.3 3D 转换综合应用 236
任务训练 242

参考文献 244

本书微课视频列表

序号	微课名称	页码
1	HBuilder 的快速开发	5
2	开发工具 HBuilder X	7
3	HTML 文件结构	18
4	列表	22
5	表格	23
6	表单	32
7	社团用户注册	33
8	CSS 简介	44
9	详情页面的美化	53
10	盒子模型	63
11	JavaScript 简介	83
12	JavaScript 相关应用	83
13	JavaScript 的使用方法	83
14	JavaScript 常用的输出语句	83
15	prompt()方法	84
16	数值型	87
17	字符串型	88
18	布尔型	88
19	数据类型的自动转换	89
20	三元运算符实现图片切换	91
21	JavaScript 变量	91
22	JavaScript 函数	92
23	变量的作用域	93
24	if...else... 语句	96
25	switch 语句	96

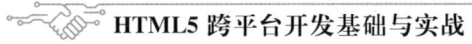

(续表)

序号	微课名称	页码
26	循环语句	97
27	动态时钟的实现	99
28	初识文档对象模型	100
29	获取元素对象的方法	101
30	DOM 事件绑定	103
31	矩形周长和面积的计算	109
32	动态操作表格	116
33	数组对象的常用属性与方法	118
34	体彩 11 选 5 开奖号码展示	120
35	字符串对象常用的属性与方法	125
36	表单严谨验证	128
37	jQuery 环境配置	131
38	jQuery 常用选择器的应用	132
39	jQuery 应用的创建	134
40	Bootstrap4 的下载与引用	144
41	和视口有关的 meta 标签的使用	145
42	Bootstrap4 各色按钮	148
43	Bootstrap4 信息提示框	150
44	Bootstrap4 导航	159
45	Bootstrap4 导航栏	163
46	Bootstrap4 单、复选框	188
47	"＋""－"按钮功能实现	205
48	CSS3 过渡	216
49	CSS3 动画	225

任务 1

实现猜拳游戏首页界面

学习目标

- 了解前端工程师工作内容。
- 理解页面结构、样式和行为。
- 了解 HTML5、CSS3 的优势。
- 了解 JavaScript 的作用及常用框架。
- 掌握开发工具的使用,能够新建项目和文件。

任务描述

运气猜拳是一种简单的游戏,共有剪刀、石头、布三个手势。双方同时做出相应手势,输赢判断规则为:剪刀赢布,布赢石头,石头赢剪刀。本任务实现了 PC 版的猜拳游戏首页界面效果,如图 1-1 所示。

图 1-1 猜拳游戏首页界面效果

知识准备

1.1 Web 前端简述

前端开发是创建 Web 页面或 Web App 等前端界面呈现给用户的过程,通过 HTML(Hyper Text Markup Language,超文本标记语言)、CSS(Cascading Style Sheet,层叠样式表)及 JavaScript 以及衍生出来的各种技术、框架、解决方案,来实现互联网产品的用户界面交互。随着互联网技术的发展和 HTML5、CSS3 的应用,现代网页变得更加美观,交互效果变得更加显著,功能也变得更加强大了。

1.1.1 前端工程师

前端工程师,也叫 Web 前端开发工程师,是随着 Web 发展而细分出来的行业。尤其是现在互联网时代,Web 技术应用更加广泛。网站、移动 App 等都离不开 Web 技术。Web 前端人才的需求量也是与日俱增。通俗点讲,Web 前端工程师就是用 HTML5、CSS3、JavaScript、Ajax 及相关框架技术做成了交互网页。

随着互联网时代的发展,Web 前端开发已经成为时下比较火的技术之一,Web 前端开发技术一直在不断地创新与完善,所以把 Web 前端开发技术作为重点技术进行学习是很有必要的。

Web 前端技术依靠其自身在页面交互效果上强大的功能受到了众多企业的青睐,无论是在 PC 端还是在移动端应用上,前端的页面样式都需要前端工程师来编写实现,因此市场上的 Web 前端岗位空缺不断增大,专业的 Web 前端工程师供不应求,前景广阔。

面对 Web 前端开发大好的发展势头,有越来越多的人选择进入 IT 行业,成为一名 Web 前端工程师,随着现在岗位多元化的发展趋势,从事 Web 前端开发的人员也有了更多的就业方向。

从工作需求来看,前端开发是创建 Web 页面或 Web App 等前端界面呈现给用户的过程。前端开发首先是前端页面重构,主要内容为 PC 端网站布局、HTML5＋CSS3 基础、Web App 页面布局。学习目标是完成 PC 端网站布局和 Web App 页面布局,还可以通过 HTML5＋CSS3 的 2D、3D 等属性实现一些精美的动画效果。

前端工程师使用 JavaScript 开发交互功能,实现网站上的交互效果,以及模块化应用等,实现完整的前端工程。通过 HTML、CSS、JavaScript 以及衍生出来的各种技术、框架、解决方案,来实现互联网产品的用户界面交互。从优势上来看,JavaScript 可运行在所有主要平台的所有主流浏览器上,也可以运行在每一个主流操作系统的服务器端上。现如今我们在为网站写任何一个主要功能的时候都需要能够使用 JavaScript 编写前端程序的开发人员。

JavaScript 的用途可归纳为以下几个方面:

(1)HTML 页面嵌入动态脚本。

(2)对浏览器事件做出相应反应。

(3)读写 HTML 元素。

(4)该数据被提交到服务器之前,对其进行验证。
(5)控制本地存储,包括创建和修改等。
(6)基于node.js技术进行服务器端编程。

本教程的JavaScript部分主要涉及前5个方面。

1.1.2 页面结构、样式和行为

HTML定义了网页的内容,即页面结构,HTML5是最新的HTML版本;CSS描述了网页布局的样式,CSS3是最新的CSS标准;JavaScript控制网页的行为,即通过JavaScript改变网页的内容和样式,实际上就是通过调用JavaScript函数改变文档中各个元素对象的属性值,或使用文档对象的方法,响应用户的操作。HTML、CSS与JavaScript在内的一系列技术,仍在不断完善中。

1.1.3 HTML5的优势

HTML5是万维网发布的最新语言规范,做Web前端的人员,HTML5是必须要掌握的一项技能。

目前95%的浏览器都支持HTML5,其中包含移动终端等设备上使用的浏览器。对于开发者来说,各浏览器能更好地支持HTML5,前端程序员开发HTML5+CSS3+JavaScript页面将会更加地轻松,增强了Web的应用。用户不需要下载客户端或插件就能够观看视频、玩游戏,操作更加简单,用户体验更好。在视音频方面,性能表现比Flash要更好。

1.1.4 CSS3的优势

CSS3的语言开发是朝着模块化发展的,这些模块包括盒子模型、列表模块、文字特效等。对于Web前端整个页面的设计,CSS3是必备的技能。CSS3与以往版本相比,在图像和布局的样式控制上有很多新优势,尤其在网页视觉元素方面表现突出。仅需要几行代码,CSS3就可以创造出各种效果:圆角边框、渐变背景、文字阴影、盒阴影等,还有一些基本的交互效果,如悬停动画等。将HTML5与CSS3功能与优势进行融合,势必会设计出界面友好、和谐的页面。

1.1.5 JavaScript及相关框架

1. JavaScript

JavaScript是Web的编程语言,是一种基于对象和事件驱动并具有相对安全性的客户端脚本语言。掌握了JavaScript就可以给网页增加各种不同的动态效果,为用户提供更流畅美观的浏览效果。

2. jQuery

jQuery是轻量级的JavaScript库,能解决浏览器差异问题。jQuery设计的宗旨是"Write Less,Do More",即倡导写更少的代码,做更多的事情。它封装了JavaScript常用的功能代码,提供了一种简便的JavaScript设计模式,优化了HTML文档操作、事件处理、动画设计和Ajax交互等。

3. Bootstrap

Bootstrap 是基于 HTML、CSS 和 jQuery 上的,它简洁灵活,使得 Web 开发更加快捷。Bootstrap 中包含了丰富的 Web 组件,利用这些组件,我们可以快速地搭建一个漂亮、灵活、可移植、跨平台的网站。当前移动设备普及,运行浏览网页的设备不再局限于计算机。演变至今,移动设备在尺寸上的不一致使得网页在视觉呈现上所要顾虑的因素越来越多。为了使浏览者在移动设备上能获得最佳阅读体验,我们需要为智能手机、平板电脑和台式机等设备设计通用网页,因而诞生了"响应式网页设计"的概念,简称 RWD(Responsive Web Design)。响应式就是网页能够兼容多个终端的布局方式。利用 Bootstrap 进行响应式 Web 开发时就不需要针对不同的平台终端编写多套代码,这样就大大缩短了开发时间,节约了开发成本。响应式网页经典案例赏析如图 1-2 所示,图为同一网页在三种屏幕上的显示效果。

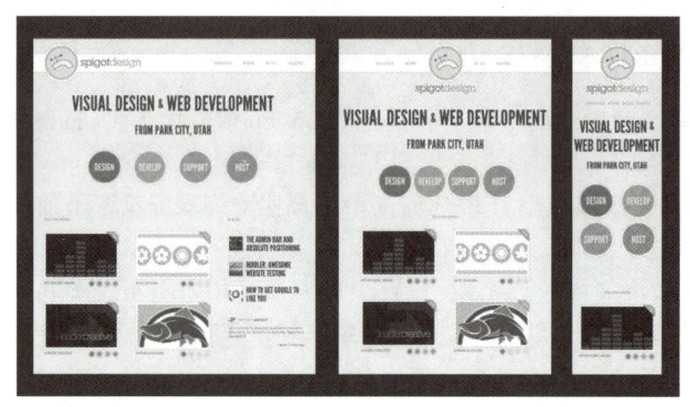

图 1-2　响应式网页经典案例

1.1.6　Web 前端学习路线

Web 前端开发是由网页制作演变而来的,是根据人们对网页的需求与体验的提升从而发生的改变。过去的网页形式,大多是由图像、文字以及超链接组成的,而人们也只是以浏览、获取信息为主。而如今,随着各式各样媒体元素的涌现,使得网页设计也有了更多的变化,动画、视频、游戏等都会在网页中出现,这为大家带来了更多、更好、更丰富的体验。

在以前,会一点 Photoshop 和 Dreamweaver 的操作,就可以制作网页。而现在,只掌握这些已经远远不够了。无论是在开发难度上,还是在开发方式上,现在的网页制作都更接近传统的网站后台开发,所以现在我们不再叫它网页制作,而是叫它 Web 前端开发。

Web 前端开发在产品开发环节中的作用变得越来越重要,而且只有专业的前端工程师才能把它做好。Web 前端开发是一项很特殊的工作,涵盖的知识面非常广,既有具体的技术,又有抽象的理念。简单地说,Web 前端开发的主要职能就是要把网站的界面更好地呈现给用户。

优秀的 Web 前端工程师应该具备快速学习的能力。Web 前端技术发展得很快,甚至可以说这些技术几乎每天都在变化!如果没有快速学习的能力,就跟不上 Web 前端技术发展的步伐。前端工程师必须不断提升自己,不断学习新技术、新模式来适应这种翻天覆地的变化。前端工程师是计算机科学职业领域中最复杂的一个工种。成为一名优秀的前端工程师所要具备的专业技术涉及广阔而复杂的领域,这些领域又会因最终必须服务各方的介入而变得更加复杂。

掌握了 HTML5、CSS3、JavaScript 等技术之后，就可以学习一个 Web 前端框架，使用框架可以节约很多时间，也使得在实际开发中的代码编写变得更加简洁、规范。前端框架一般指用于简化网页设计的框架，这些框架封装了一些功能，比如 HTML 文档操作，各种按钮、表单控件等。本书结合 Bootstrap 等 JavaScript 框架，实现让大家看到的类似电商平台上那些动人的精美页面。

框架是提高工作效率的优秀手段，对于框架的学习是成长必经之路。只有大量的使用，才能明白设计框架者在设计背后的思路；只有了解到设计的思路，才能做正确全面的分析；只有正确全面的分析才能支撑去对其裁剪或扩展；只有经过实际分析、修改别人的框架，才有可能写出自己的优秀框架。学习通常的路线是：学习、理解、模仿、创造。

在学习理论知识的同时进行项目练习，这就在无形中积累了项目经验，因此想要学好前端开发，一定要勤练习，不怕错，但也要及时反思总结，这样才能快速进步。

1.2　开发工具

1.2.1　选择开发工具

"工欲善其事，必先利其器"是说：工匠想要使他的工作做好，一定要先让工具锋利。比喻要做好一件事，准备工作（工具）非常重要。编程也是一样，选择一款高效、适合自己的开发工具就能快速提高自己的编程效率。目前市面上流行的 JavaScript 编辑器很多，主要有 Dreamweaver、NotePad＋＋、Aptana、HBuilder 等。

微课

HBuilder 的快速开发

1. Dreamweaver

Dreamweaver 是 Adobe 公司推出的一款入门级 Web 开发工具，在 Web 开发中占有重要的地位，是集网页制作和管理网站于一身的所见即所得的网页编辑器。

2. NotePad＋＋

NotePad＋＋是一款开源免费的文本编辑器，比 Windows 自带的记事本功能强大很多。NotePad＋＋支持多国语言，支持众多编程语言。

3. Aptana

Aptana 是一款强大的专业级的 Web 开发软件，拥有非常强悍的 JavaScript 编辑器和调试工具（支持常见的 JavaScript 类库）。较新版本的 Aptana 还集成了 iPhone 开发环境。

4. HBuilder

HBuilder 是 DCloud 推出的一款支持 HTML5 的 Web 开发 IDE。快，是 HBuilder 的最大优势，通过完整的语法提示和代码输入法、代码块等，大幅提升了 HTML、JavaScript 和 CSS 的开发效率。同时，它还包括最全面的语法库和浏览器兼容性数据。它支持手机数据线真机联调。它拥有无死角提示功能，除了语法，还能提示 id、class、图像、链接、字体等。HBuilder 是我们认为当前最好的 Web 开发工具。HBuilder 官方首页如图 1-3 所示。

在编写代码的过程中，一款好的编辑器能让我们事半功倍。本书推荐 HBuilder X，是 HBuilder 系列的新版本，它是目前前端开发主流、高效的首选工具。强大的语法提示功能，配套了清晰明了的辅助开发文档。HBuilder 官方文档目录如图 1-4 所示。

图 1-3　HBuilder 官方首页

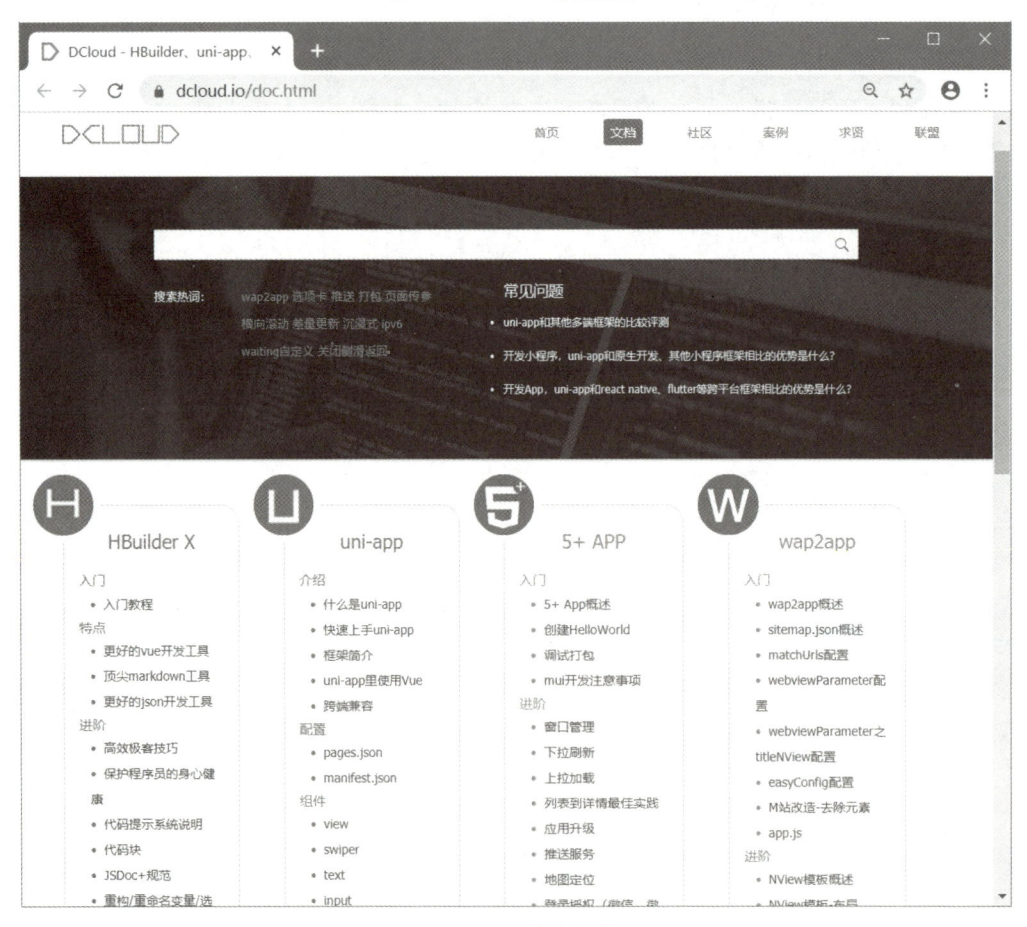

图 1-4　HBuilder 官方文档目录

点击官方首页（图 1-3）左上角的 HBuilder X 就可以打开如图 1-5 所示的下载页面，在这里可以浏览 HBuilder X 的功能视频。单击上面的按钮就可以打开 HBuilder X 下载对话框，选择标准版。HBuilder 下载到的文件为压缩包，HBuilder X 版本大小为 16.87 MB，无须安装，解压后，选择绿色标志的文件，双击它就可以打开。

图 1-5　HBuilder X 下载对话框

1.2.2　新建项目和文件

在 HBuilder 官网上可以免费下载到最新版的 HBuilder X。HBuilder X 标准版目前有两个版本，一个是 Windows 版，一个是 Mac OS 版。下载的时候根据自己的计算机选择适合自己的版本。

开发工具 HBuilder X

依次单击 HBuilder X 菜单："文件"|"新建"|"项目"，如图 1-6 所示。打开了"新建项目"对话框，如图 1-7 所示。在项目名称处填写新建项目的名称，如：test，位置处填写（或选择）项目保存路径，如：D:/demos（更改此路径，HBuilder X 会做记录，下次默认使用更改后的路径），然后选择使用的模板，本书案例选择"基本 HTML 项目"。

HTML 文档以 .html 或 .htm 为文件后缀。HTML 文档的打开方式：双击 .html 文档，即可在浏览器中打开文件。

使用 HBuilder X 创建一个新页面："文件"|"新建"|"7.html 文件"，就可以打开"新建 html 文件"对话框，如图 1-8 所示。在文件名处填写新建文件的名称，如：game.html。位置处填写（或选择）文件保存路径，如：D:/demos/mydemo。然后选择使用的模板，本书案例选择"default"。

7

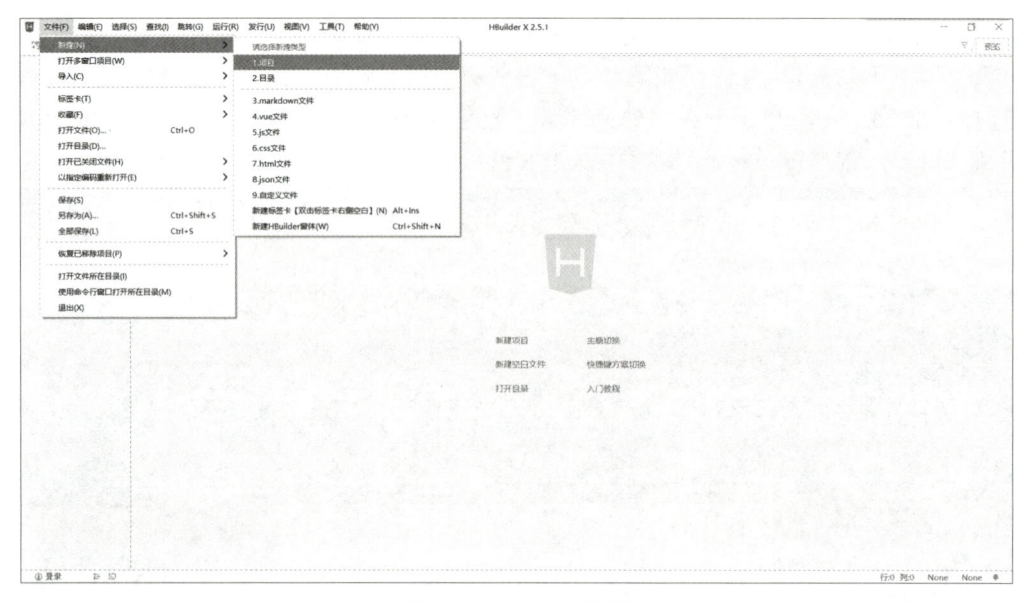

图 1-6　HBuilder X 菜单

图 1-7　"新建项目"对话框

新建的页面或新项目中自带的 index.html 文件内容初始如下：

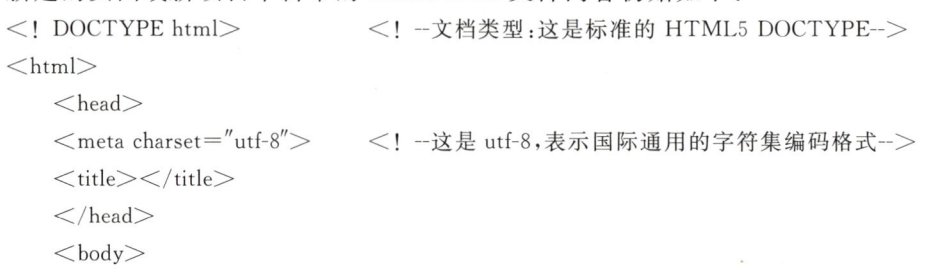

<! DOCTYPE html>　　　　　<！--文档类型：这是标准的 HTML5 DOCTYPE-->
<html>
　　<head>
　　<meta charset="utf-8">　　<！--这是 utf-8，表示国际通用的字符集编码格式-->
　　<title></title>
　　</head>
　　<body>

图 1-8 "新建 html 文件"对话框

　　</body>
　　</html>

DOCTYPE 是 document type(文档类型)的简写。<！DOCTYPE>是一个文档类型标记,是一种标准通用标记语言的文档类型声明,<！DOCTYPE>声明位于文档中最前面的位置,处于<html>标签之前。<！DOCTYPE>声明是用来告知 Web 浏览器页面使用了哪种 HTML 版本。中文网页需要使用<meta charset="utf-8">声明编码,否则会出现乱码。

当前光标处于 title 标签内,此时我们给 HTML 文件设置 title:game,完成后将光标移动到<body>标签对中,在此处使用"s"快捷键打开下拉列表,生成一个 script 块来编写 JavaScript 代码(输入 s,回车),如图 1-9 所示,也可以向下移动,比如选择第二个,实现外链 JavaScript 文件。

图 1-9　快捷键的使用

1.2.3　开发工具的调试技巧

本书案例使用 HBuilder X 进行开发，并采用 Chrome 浏览器作为展示和调试工具，在 Chrome 的官方网站可以免费下载 Chrome 的安装程序。使用 Chrome 的开发者工具可以帮助开发者查看自己的代码，快速进行调试和查找错误，同时，也提供了查看他人网页代码的途径。作为开发者，应该了解和掌握这个强大的功能。

在想要查看的页面上右击，选择"检查"即可，如图 1-10 所示，在这里开发者可以查看页面的元素。

单击大小两个方框的设备图标，使其呈蓝色高亮状态，就可以实现模拟移动端的显示效果，单击之后，可以看到类似图 1-10 这样的界面。

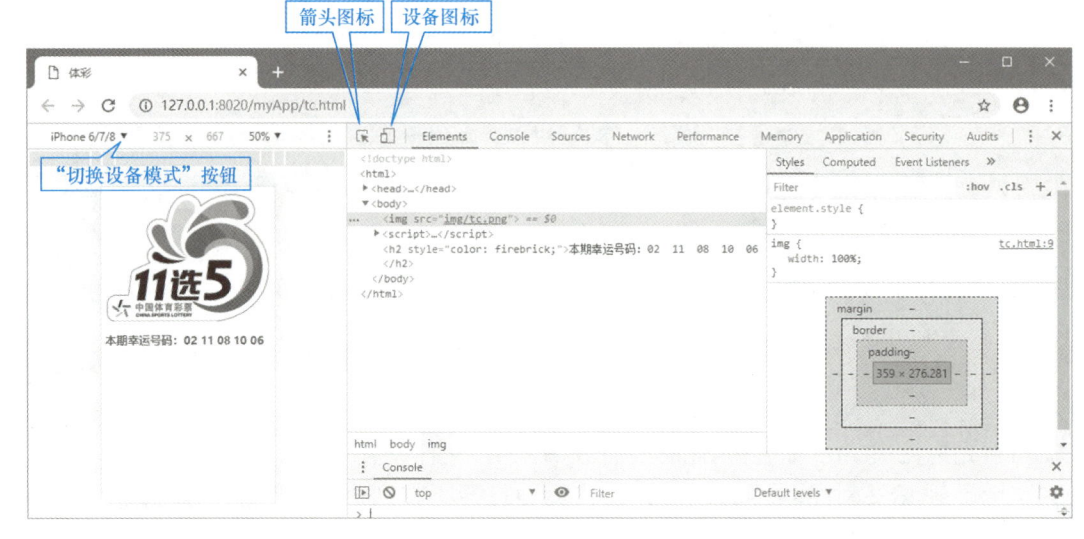

图 1-10　Chrome 调试效果

"Elements"功能标签页是用来查看、修改页面上的元素的，包括 DOM 标签，以及样式 Styles 等。如图 1-10 所示，左边是 HTML 源码，右边是对应的 CSS 样式，还有相关盒模型的图形信息。可以手动修改、禁用一些 CSS 样式进行查看，当鼠标选择 img 元素时，右侧的 CSS 样式会展示出此元素对应的样式信息，此时可以在右侧进行修改，修改后即可在页面上生效。灰色的 element.style 样式同样可以进行添加和书写，唯一的区别是，在这里添加的样式是添加到了该元素内部，即该元素的 style 属性。这个"Elements"功能标签页的功能很强大，在我们制作相关的页面后，修改样式是一块很重要的工作，细微的差别都需要调整，但是每修改一点就编译一遍代码，再刷新浏览器查看效果，这样很低效。更好的办法是在浏览器中逐步修改之后，再到代码中一次性进行修改对应的样式。

同时，当浏览网站看到某些特别炫酷的效果和难做的样式时，打开"Elements"功能标签页，即可看到是如何实现的，仔细钻研就会有意想不到的收获。

任务实施

1. 任务分析

运气猜拳，一款非常经典的猜拳小游戏。嘿嘿！是不是又回想起了那些曾经美好的记忆呢？这也是解决分歧的最简单办法之一。现在来实现一款简单的猜拳游戏（剪子包子锤）的主界面效果。本任务仅仅是 Web 交互的初体验，相关知识点会在 JavaScript 章节中详细介绍。

2. 实施过程

新建项目 cqgame，在项目中新建文件 cq.html，目录结构如图 1-11 所示，在 cq.html 页面的 body 便签中间加入代码：<h1>猜拳游戏</h1><img src="img/cq.gif" />，并更改页面的标题，在<title></title>标签对中加入页面的主题"猜拳"。主界面效果如图 1-12 所示，整体页面代码如下：

图 1-11　猜拳游戏项目目录结构

图 1-12　猜拳游戏主界面效果

```
<!DOCTYPE html>                <!--文档类型-->
<html>
<head>
<meta charset="utf-8">         <!--这是 utf-8,表示国际通用的字符集编码格式-->
<title>猜拳</title>
</head>
<body align="center">
<h1>猜拳游戏</h1>
<img src="img/cq.gif" />
</body>
</html>
```

3. 实例拓展

在原有界面上增加"开始"按钮，主界面效果如图 1-1 所示，整体代码如下：

```
<!DOCTYPE html>
<html>
```

```
<head>
<meta charset="utf-8">
<title>猜拳</title>
</head>
<body align="center">
<h1>猜拳游戏</h1>
<img src="img/cq.gif" /> <br/><br/><br/>
<img src="img/ks.gif" />
</body>
</html>
```

4. 动态交互的实现

使用 JavaScript 实现动态交互功能。JavaScript 代码放在＜script＞＜/script＞标签对中。

给"开始"图像按钮绑定单击事件，就是增加 onclick 单击事件属性，设定单击事件处理器来引用函数。添加＜script＞标签，在＜script＞＜/script＞标签对中使用 JavaScript 定义函数 start()，单击"开始"图像按钮，触发事件，出现如图 1-13 所示的确认对话框，有询问是否开始游戏的效果。

图 1-13 单击"开始"时提示框效果

确认对话框 confirm("str") 返回值为布尔型，单击"确定"返回 true，单击"取消"返回 false。可以根据用户对提示的反应给出相应的回复。

本例中若单击了图 1-13 的确认对话框中的"取消"，出现如图 1-14 所示的结果。若单击"确定"，出现如图 1-15 所示的结果。

图 1-14　单击"取消"提示放弃效果

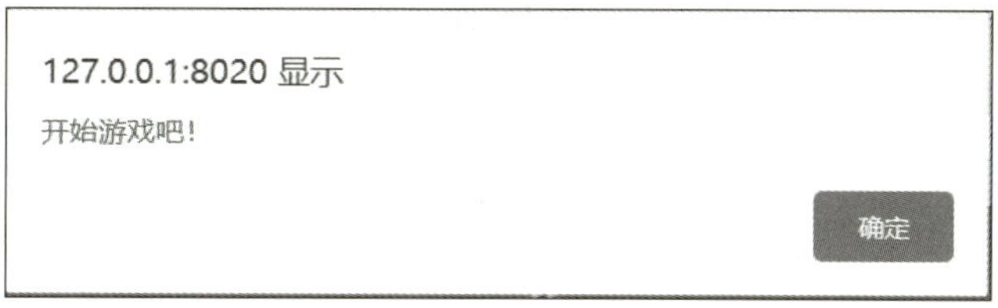

图 1-15　单击"确定"提示开始效果

猜拳游戏主界面的整体代码如下：

```html
<!DOCTYPE html>
<html>
<head>
<meta charset="utf-8">
<title>猜拳</title>
</head>
<body align="center">
<h1>猜拳游戏</h1>
<img src="img/cq.gif" /> <br><br><br>
<img src="img/ks.gif" onclick="start()" />
<script type="text/javascript">
function start() {
    var mymsg = confirm("确定要开始游戏?");    //confirm()实现确认对话框
    if(mymsg == true) {
        alert("开始游戏吧!");
    } else {
        alert("您选择了放弃!");
    }
}
</script>
</body>
</html>
```

同步练习

一、理论测试

1. 网页的编写工具有（　　）。
A. 记事本　　　　　　　　　　B. Dreamweaver
C. HBuilder　　　　　　　　　D. 任何一种文本编辑器
2. HTML 是（　　）的缩写。

A. Hyper Text Markup Language　　B. Hyperlinks and Text Markup Language

C. Home Tool Markup Language　　D. 以上都可以

3. CSS 是（　　）的缩写。

A. Colorful Style Sheets　　B. Computer Style Sheets

C. Cascading Style Sheets　　D. Creative Style Sheets

4. HTML5 的正确 DOCTYPE 是（　　）。

A. <! DOCTYPE html>　　B. <! DOCTYPE HTML5>

C. <! DOCTYPE HTML PUBLIC "-//W3C//DTD HTML 5.0//EN" "http://www.w3.org/TR/html5/strict.dtd">

D. <! DOCTYPE>

5. 对前端工程师这个职位是怎样理解的？（　　）

A. 实现界面交互　　B. 提升用户体验

C. 前端是最贴近用户的程序员，比后端、数据库、产品经理、运营、安全都近

D. 以上都是

6. 前端开发常用的技术有（　　）。

A. HTML5 和 CSS3　　B. JavaScript

C. jQuery 等前端框架　　D. 以上都是

7. jQuery 和 JavaScript 相比的优点有（　　）。

A. 实现了脚本和页面的分离

B. 最少的代码做最多的事（这也是 jQuery 的口号）

C. 性能更好，几乎解决了所有的浏览器兼容问题

D. 以上都是

二、实训内容

1. 编辑器的使用：新建项目及文件。

2. 实现思政学习引页的制作，效果如图 1-16 所示。

图 1-16　思政学习引页效果

3. 实现简单的交互，如：询问用户"是否开始学习之旅？"，用户若确定开始，就弹出警示框"现在开始学习"，否则就弹出警示框"每个所期待的美好未来，都有一个努力的现在"。

任务 2
实现问卷调查页面静态布局

学习目标

- 掌握 HTML 的基本语法，能使用 HTML 基本标签。
- 掌握文字与段落标签。
- 掌握图像、超级链接和列表标签，能使用 HTML 列表、超级链接标签等布局标签。
- 掌握表格标签，能使用表格相关标签实现信息展示。
- 掌握表单元素标签的应用，能使用 HTML5 表单常用新属性。
- 能使用表单标签实现注册等页面的布局。
- 能综合使用常用标签实现页面的整体布局。

任务描述

本任务是采用 HTML 的布局方式，实现问卷调查页面起始页面、问卷调查页面及问卷调查信息统计展示页面的静态布局，如图 2-1～图 2-3 所示。

知识准备

2.1 HTML 的基本概念

HTML 的语法常用的 HTML 标签是制作 Web 页面的基础。在此将学会怎样在网页上显示图像、链接以及不同类型的文本。

2.1.1 HTML 简介

HTML 的英文全称是 Hyper Text Markup Language，是一种用于创建网页的标准标记语言。HTML 运行在浏览器上，由浏览器来解析。HTML 文档包含了 HTML 标签及文本内容，用来描述文字、图形、动画、声音、表格、链接等。HTML 文档也叫作 Web 页面。

图 2-1 用户注册页面效果

图 2-2 问卷调查静态页面效果

任务 2　实现问卷调查页面静态布局

图 2-3　学生信息展示页面效果

事实上，HTML 是一种在因特网上较常见的网页制作标记型语言，而并不能算作一种程序设计语言，因为它缺少程序设计语言所应有的特征。标记语言是一套标记标签（Markup Tag），HTML 使用标记标签来描述网页，其中包含属性和值。标记描述了每个在网页上的组件，例如文本段落、表格或图像等。

HTML5 是 HTML 目前的最新版本，而且现在大家都是针对 HTML5 这个版本进行学习的。HTML5 是在以前的 HTML 基础上发展而来的，因此，HTML5 保留了以前 HTML 的绝大部分标签。

1. 标签

HTML 标记标签通常被称为 HTML 标签（HTML Tag），指的就是 HTML 中的元素（Element），而 HTML 就是由这样的一系列元素组成的。

HTML 标签是由尖括号包围的关键词，比如＜html＞。HTML 标签通常是成对出现的，比如＜b＞和＜/b＞。标签对中的第一个标签是开始标签，第二个标签是结束标签。开始标签和结束标签也被称为开放标签和闭合标签。如图 2-4 所示展示了一个 HTML 元素（div）的结构。

图 2-4　常用 div 标签的结构

2. 标签的属性

标签的属性用来指定元素的附加信息，属性添加在开始标签中。属性由属性名和用引号括起来的属性值组成，它们之间使用等号连接：＜标签名 属性名＝"值 1" 属性名＝"值 2"＞

</标签名>,属性的值必须用引号括起来,并且属性之间要用空格隔开。某些标志性的属性可以省略属性值,通常为布尔型。

属性值应该始终被包括在引号内,双引号是最常用的,不过使用单引号也是可以的。在某些个别的情况下,比如属性值本身就含有双引号,那么必须使用单引号,例如:name='John "ShotGun" Nelson'。标签名和属性名都不区分大小写,一般习惯采用小写。常用属性见表 2-1。

表 2-1　HTML 元素标签常用的属性

属性	描述
class	为 HTML 元素定义一个或多个样式类名(classname)
id	定义元素的 id(通常在文档中 id 属性值是唯一的)
style	规定元素的行内样式
title	描述了当光标移动到标签时,信息提示框的内容

下面的示例设置了 id 属性,通常 id 属性的值在当前文档中是唯一的。
<h1 id="title">我是一个元素</h1>
当标签拥有不止一个属性的时候,属性之间用空格隔开,示例如下:
<div class="btn" id="start">开始</div>

3. HTML 的特点
HTML 的特点如下:
- HTML 标签是由<>包围的关键词,例:<html>。
- HTML 标签通常成对出现,分为标签开头和标签结尾,例:<html> </html>。
- 有部分标签是没有结束标签的,称为单标签,例:
。
- 页面中所有的内容,都要放在 HTML 标签中。
- HTML 标签主要分为三个部分:标签名称、标签内容和标签属性。标签内容就是在一对标签内部的内容,标签内容可以是其他标签。

2.1.2　HTML 基本格式

【例 2-1】 创建一个带标题和段落的页面,效果如图 2-5 所示。

图 2-5　基础页面效果

HTML 文件结构

代码如下:
<!DOCTYPE html>
<html>
<head>
<meta charset="utf-8">

```
<title>HTML 基本结构</title>
</head>
<body>
<p>我的第一个段落。<span>~ˆ_ˆ~</span></p>
</body>
</html>
```

实例解析如下：

<!DOCTYPE html>声明为 HTML5 文档。

<html>元素是 HTML 页面的根元素。此元素可告知浏览器自身是一个 HTML 文档。

<head>元素包含了文档的元(meta)数据，如：<meta charset="utf-8">定义网页编码格式为 utf-8。

<title>元素描述了文档的标题。

<body>元素包含了可见的页面内容。

<p>元素定义一个段落。

<span>元素在行内定义一个区域。

注意：DOCTYPE 声明是不区分大小写的，用来告知 Web 浏览器页面使用了哪种 HTML 版本。目前在大部分浏览器中，直接输出中文会出现中文乱码的情况，这时候我们就需要在<head>标签对中加上<meta charset="utf-8">将字符声明为 utf-8。使用 HBuilder 创建的页面，初始就有了基本的结构，我们只需要在 body 标签内输入 span 和 p 标签并填充内容，并更改 title 标签的内容即可达到上面的效果。

2.1.3 HTML 注释语句

HTML 的注释方法：包含在"<!--"与"-->"之间的内容将会被浏览器忽略，且不会显示在用户浏览的最终界面中。可使用注释对代码进行解释，这样做有助于以后对代码的编辑，尤其在编写了大量代码时相当有用。通过写注释可以标注某一部分代码的功能，使代码易于阅读。在 HBuilder 环境中，使用快捷键 Ctrl+/，就可以将选中的部分加以注释。HTML 中添加注释的代码如下：

```
<body>
文档内容……<!--这是一个注释,注释在浏览器中不会显示-->
</body>
```

2.2 HTML5 文档常用标签

<head>标签可以包含元信息、指引浏览器找到样式表等。可用在<head>内部的标签主要有<title>、<meta>、<style>、<link>等。其中的<title>标签用于定义 HTML5 文档的页面标题，<meta>标签用于定义 HTML5 文档的元信息(Meta-information)，<style>和<link>标签用于定义 HTML5 文档的样式。

<body>标签用于定义 HTML5 文档的页面主题部分,包含文档的所有内容,如文本、图像等。

2.2.1 文字段落相关标签

常用的文字与段落标签有以下几种:

1. 标题标签<hn>

通常,文章都由标题、副标题、章和节等组成,用户可以通过标题来快速浏览网页,所以用标题来呈现文档结构是很重要的。HTML 中也提供了相应的标题标签<hn>,其中 n 为标题的等级,HTML 共提供 6 个等级的标题,n 越小,标题字号就越大,图 2-6 列出各级标题的代码及效果。

图 2-6 各级标题的代码及效果

**2. 换行标签
**

在编写 HTML 文件时,不必考虑太细致的设置,也不必理会段落过长的部分是否会被浏览器切掉。因为,在 HTML 语言规范里,每当浏览器窗口被缩小时,浏览器会自动将右边的文字转折至下一行。但是,编写者要想自己换行,应在需要换行的地方加上
标签。

3. 段落标签<p>

文章中一般会使用分段的形式划分不同的内容,使文章易于阅读。<p>标签可以在网页中实现分段的效果。每个段落都另起一行并且段落之间会有一些垂直的距离。段落由<p>来开始,由</p>来结束,</p>是可以省略的,因为下一个<p>的开始就意味着上一个<p>的结束。

4. 水平分隔线标签<hr>

<hr>标签是单独使用的标签,是水平分隔线标签,是有阴影效果的水平线(这是默认的),用于段落与段落之间的分隔,使文档结构清晰明了,使文字的编排更整齐。通过设置<hr>标签的属性值,可以控制水平分隔线的样式。如:<hr color="red">,color 属性用于设置水平分隔线的颜色。

5. 特殊字符

在 HTML 文档中,有些字符无法直接显示出来,例如版权标志"©",使用特殊字符可以将键盘上没有的字符表达出来。而 HTML 文档的某些特殊字符(如"<"等)虽然可以通过键盘直接输入,但浏览器在解析 HTML 文档时会报错,为防止这种代码混淆的情况发生,必须用一些代码来表示它们,这里可以用字符代码来表示,也可以用数字代码来表示。HTML 常见特殊字符及其代码见表 2-2。

表 2-2　　　　　　　　　　HTML 常见特殊字符及其代码

特殊字符	字符代码
<	&lt;
>	&gt;
&	&amp;
"	&quot;
©	&copy;
®	&reg;
空格	

2.2.2　HTML 图像<img>元素

网页中插入图像用单标签<img>,当浏览器读取到<img>标签时,就会显示此标签的 src 属性所设定的图像。如果要对插入的图像进行修饰,仅用这一个属性是不够的,还要配合其他属性来完成,<img>标签属性见表 2-3。

表 2-3　　　　　　　　　　　<img>标签属性

属性	描述
src	图像的 URL 的路径
alt	规定在图像无法显示时的替代文本
width	宽度,通常只设为图像的真实大小,以免失真
height	高度,通常只设为图像的真实大小,以免失真
align	图像和文字之间的对齐方式值,可以是 top、middle、bottom、left、right
border	边框
vlign	垂直间距

<img>元素实现蝴蝶图像的示例如下:

<img src="img/hd.jpg" alt ="蝴蝶" width="260" height="180">

正常显示时有如图 2-7 左边的效果,若路径有误或者网速过低时,图像加载不到,会在图像的位置显示 alt 属性的值,如图 2-7 右边的效果。

图 2-7　<img>元素实现图像效果

2.2.3 列表

1. 无序列表<ul>

无序列表使用的一对标签是<ul></ul>。无序列表指没有进行编号的列表,每一个列表项使用<li>标签。<li>的属性type有三个选项:disc表示实心圆;circle表示空心圆;square表示小方块。

<ul>及<li>如果不使用type属性,页面默认情况下使用disc"实心圆"显示。

水果列表的示例如下:

```
<ul type="square">
    <li>西瓜</li>
    <li>桃子</li>
    <li>荔枝</li>
</ul>
```

2. 有序列表<ol>

有序列表和无序列表的使用格式基本相同,有序列表使用标签<ol></ol>,每一个列表项前使用<li>标签。<ol>列表的结果是带有前后顺序之分的编号。如果插入和删除一个列表项,编号会自动调整。

顺序编号的设置是由<ol>的两个属性type和start来完成的。start=编号开始的数字,如start=2则编号从2开始,如果从1开始,start属性可以缺省,或是在<li>标签中设定value="n"改变列表行项目的特定编号,例如<li value="7">。type=属性值可以设置为用于编号的数字、字母的类型,如type=a,则编号用英文字母。有序列表type的属性见表2-4。

表2-4　　　　　　　　　　有序列表type的属性

type类型	描述
type="1"	表示列表项目用数字标号(1,2,3…)
type="A"	表示列表项目用大写字母标号(A,B,C…)
type="a"	表示列表项目用小写字母标号(a,b,c…)
type="Ⅰ"	表示列表项目用大写罗马数字标号(Ⅰ,Ⅱ,Ⅲ…)
type="ⅰ"	表示列表项目用小写罗马数字标号(ⅰ,ⅱ,ⅲ…)

饮料列表的示例如下:

```
<ol type="A">
    <li>可乐</li>
    <li>雪碧</li>
    <li>柠檬茶</li>
</ol>
```

3. 嵌套列表

将一个列表嵌入另一个列表中,作为另一个列表的一部分,称为嵌套列表。无论是有序列表的嵌套还是无序列表的嵌套,浏览器都可以自动分层排列。

【例 2-3】 嵌套列表页面效果如图 2-8 所示。

图 2-8 嵌套列表

代码如下：
```
<h1>我的电脑文件列表</h1>
<ul>
    <li>我的电脑
        <ul>
            <li>本地磁盘(C:)
                <ul>
                    <li>我的文档</li>
                    <li>我的收藏</li>
                </ul>
            </li>
            <li>本地磁盘(D:)
                <ul>
                    <li>我的游戏</li>
                    <li>我的资料</li>
                    <li>我的电影</li>
                </ul>
            </li>
        </ul>
    </li>
</ul>
```

2.2.4 表格

在网页中，表格是一种很常见的对象，通过表格可以使要表达的内容简洁明了。下面介绍如何使用 HTML 语言实现表格的制作。

1. 表格的基本结构

用 HTML 语言制作表格的基本结构是：

```
<table>…</table>              //定义表格
<caption>…</caption>          //定义标题
<tr>…</tr>                    //定义表格的行
<th>…</th>                    //定义表头
<td>…</td>                    //定义单元格(存放表格的具体数据)
```

表格<table>标签属性见表 2-5。

表 2-5　　　　　　　　　表格<table>标签属性

属性	用途
bgcolor	设置表格的背景色
border	设置边框的宽度,若不设置此属性,默认值为 0
bordercolor	设置边框的颜色
bordercolorlight	设置边框明亮部分的颜色(border 的值大于或等于 1 时才有用)
bordercolordark	设置边框昏暗部分的颜色(border 的值大于或等于 1 时才有用)
cellspacing	设置表格单元格之间的空间大小
cellpadding	设置表格的单元格边框与其内部内容之间的空间大小
width	设置表格的宽度,单位用绝对像素值或总宽度的百分比

构建一个学生成绩表,显示效果如图 2-9 所示。

学生成绩表			
姓名	语文	数学	总分
王五	78	96	174
李四	89	68	157

图 2-9　表格的浏览效果

代码如下：

```
<table width="500" border="2" cellpadding="1" cellspacing="1"  align="center">
<caption>学生成绩表</caption>
<tr bgcolor="#CCCCCC">
<th>姓名</th>
<th>语文</th>
<th>数学</th>
<th>总分</th>
</tr>
<tr align="center">
<td>王五</td>
<td>78</td>
<td>96</td>
<td>174 </td>
</tr>
<tr align="center">
<td>李四</td>
```

```
<td>89</td>
<td>68</td>
<td>157 </td>
</tr>
</table>
```

<tr></tr>标签对用来创建表格中的行。此标签只有放在<table></table>标签对之间使用才有效。<td></td>标签对用来创建表格中每行中的单元格,此标签对只有放在<tr></tr>标签对之间才有效,输入的文本只有在<td></td>标签对中才能够显示出来。

2. 表格内文字的对齐与合并

表格中数据的排列方式有两种,分别是左右排列和上下排列。左右排列用 align 属性来设置,而上下排列则由 valign 属性来设置,左右排列的位置可分为 3 种:居左(left)、居中(center)、居右(right);而上下排列基本上比较常用的有 4 种:上齐(top)、居中(center)、下齐(bottom)和基线(baseline)。

<td>标签的 colspan 属性用来设置表格的单元格跨占的列数(缺省值为1)。

<td>标签的 rowspan 属性用来设置表格的单元格跨占的行数(缺省值为1)。

实现跨行和跨列的专业设置及在校人数表的浏览效果如图 2-10 所示。

图 2-10 表格合并的显示效果

代码如下:
```
<!DOCTYPE html>
<html>
<head>
<meta charset="utf-8">
<title> 表格</title>
</head>
<body>
<table border="3" width="80%" height="90" align="center" bordercolor="black">
<caption>专业设置及在校人数表</caption>
<br/>
```

```
<tr bgcolor="silver" align="center">
<th>系名</th>
<th colspan="43">专业人数</th>
</tr>
<tr align="center">
<td rowspan="6">计算机系</td>
<td bgcolor="silver" colspan="3">软件技术专业</td>
</tr>
<tr align="center">
<td>20 级</td>
<td>19 级</td>
<td>18 级</td>
</tr>
<tr align="center">
<td>230 人</td>
<td>210 人</td>
<td>220 人</td>
</tr>
<tr align="center">
<td colspan="3" bgcolor="silver">计算机应用专业</td>
</tr>
<tr align="center">
<td>20 级</td>
<td>19 级</td>
<td>18 级</td>
</tr>
<tr align="center">
<td>150 人</td>
<td>150 人</td>
<td>150 人</td>
</tr>
</table>
</body>
</html>
```

2.2.5 超链接

超链接是网页互相联系的桥梁,页面间的跳转功能就是通过超链接<a>元素来实现的。超链接在本质上属于一个网页的一部分,它是一种允许我们同其他网页或站点之间进行链接的元素。各个网页链接在一起后,才能真正构成一个网站。

HTML 使用标签<a>来设置超文本链接。超链接可以是一个字、一个词或者一组词,也可以是一幅图像,可以单击这些内容来跳转到新的文档或者当前文档中的某个部分。

当把鼠标指针移动到网页中的某个链接上时,箭头会变为一只小手。在标签<a>中使

用了 href 属性来描述链接的地址。默认情况下,链接将以下形式出现在浏览器中:
- 一个未访问过的链接显示为蓝色字体并带有下划线。
- 访问过的链接显示为紫色并带有下划线。
- 单击链接时,链接显示为红色并带有下划线。

链接目标可以是另一个网页,也可以是相同网页上的不同位置,还可以是一幅图像、一个电子邮件地址、一个文件,甚至是一个应用程序。

在创建内部超链接时,根据目录文件与当前文件的目录关系,有 4 种写法。注意,应该尽量采用相对路径。相对路径,顾名思义就是当前文档相对于链接目标的位置。

(1)链接到同一目录中的网页文件

目标文件名是链接所指向的文件。链接到同一目录内的网页文件的格式为:

<a href="目标文件名.html">访问文档</a>

(2)链接到下一级目录中的网页文件

链接到下一级目录中网页文件的格式为:

<a href="子目录名/目标文件名.html">访问文档</a>

(3)链接到上一级目录中的网页文件

链接到上一级目录中网页文件的格式为:

<a href="../目标文件名.html">访问文档 </a>

每使用一次"..",就上溯一层父目录,如果你想上溯两层父目录,可以写"../..."。

(4)链接到同级目录中的网页文件

链接到同级目录中网页文件的格式:

<a href="../子目录名/目标文件名.html">热点对象</a>

表示先退到上一级目录中,然后再进入目标文件所在的目录。

2.2.6 DIV 标签介绍

在设计网页时,能否控制好各个模块在页面中的位置是非常关键的,在 CSS 排版的页面中,<div>标签起到至关重要的作用。

<div>(division)简单而言就是一个区块标签,即<div></div>标签对相当于一个容器,可以容纳段落、标题、图像、表格,乃至章节、摘要、标注等各类 HTML 标签。

2.2.7 多媒体元素

1. audio 标签介绍

audio 元素用于播放音频,controls 属性设置是否使用播放控制。如果在标签中编写 controls="controls",那么网页会显示自带的播放控件,如果没有编写则不会显示。示例如下:

<audio src="music.mp3" controls="controls"> </audio>

2. video 标签介绍

视频标签<video></video>,其中的 controls 属性设置是否使用播放控制,示例如下:

<video src="mov.mp4" controls="controls"> </video>

2.2.8　HTML5 语义化标签

HTML5 比以前的版本增加了许多语义化的标签，比如 header、footer、nav、main、article、aside 等，这些标签和 div 标签的作用类似，且更加语义化。

语义化标签的作用：

(1) HTML5 语义化标签让页面的内容结构更清晰，便于浏览器、搜索引擎解析。

(2) 即使在没有 CSS 样式的情况下也以一种文档格式显示，并且是易于阅读的。

(3) 搜索引擎的爬虫依赖于 HTML 标签来确定上下文和各个关键字的权重，利于 SEO。

(4) 使开发人员更容易将网站分块，便于阅读和维护。

常见的语义化的标签布局结构如图 2-11 所示。

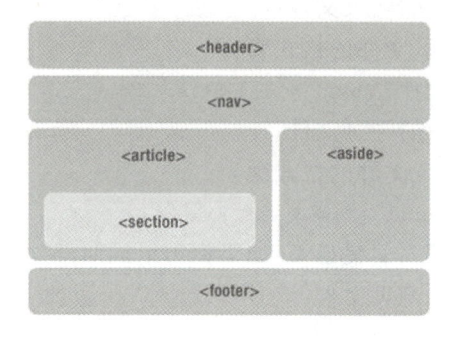

图 2-11　常见的语义化的标签布局结构

1. header 元素

header 元素是一种具有引导和导航作用的结构元素，该元素可以包含所有通常放在页面头部的内容。header 元素通常用来放置整个页面或页面内的一个内容区块的标题，也可以包含网站 logo 图像、搜索表单或者其他相关内容，如 article 元素的简要介绍。示例如下：

```
<header>
<h1>网页主题</h1>
</header>
```

一个网页中可以使用多个 header 元素，也可以为每一个内容块添加 header 元素。

2. nav 元素

nav 元素用来定义文档的主导航区域，其中的链接指向其他页面或当前页面的某些区域。因为 nav 用于主导航区域，所以严格来讲它不是为页脚或其他经常会包含一组链接的区块而设计的（虽然将它用在这些区块里包含链接也没问题）。nav 元素通常可以用于以下场合中：传统导航条、侧边栏导航、翻页操作等。该元素可以将具有导航性质的链接归纳在一个区域中，使页面元素的语义更加明确。示例如下：

```
<nav>
<ul>
<li><a href="#">首页</a></li>
<li><a href="#">公司概况</a></li>
```

```
<li><a href="#">产品展示</a></li>
<li><a href="#">联系我们</a></li>
</ul>
</nav>
```

3. article 元素

article 元素用来包裹独立的内容片段，article 元素代表文档、页面或者应用程序中与上下文不相关的独立部分，该元素经常被用于定义一篇日志、一条新闻或用户评论等。article 元素通常使用多个 section 元素进行划分，一个页面中 article 元素可以出现多次。如果出现嵌套的 article 元素，那么内层的 article 元素内容应该和外层文章内容直接相关。

article 表示页面中的一块与上下文不相关的内容，独立的、完整的区块；article 是大主体，section 是构成这个大主体的一部分；可以互相嵌套。示例如下：

```
<article>
    <header>
        <h1>第一章</h1>
    </header>
    <section>
        <header>
            <h2>第 1 节</h2>
        </header>
    </section>
    <section>
        <header>
            <h2>第 2 节</h2>
        </header>
    </section>
</article>
```

4. section 元素

section 元素用于对网站或应用程序中页面上的内容进行分块，使用 section 的目的不是为了美化样式，而是为了标识一个鲜明独立的内容块。一个 section 元素通常由内容和标题组成。section 元素用来定义文档或应用程序中的区域（或节）。内容区块，典型的应用场景有文章的章节、标签对话框中的标签页，或者论文中有编号的部分、分区、简介、文章条目和联系信息等。例如，可以用它组织你的个人信息，一个 section 用于联系信息，另一个用于新闻动态。在使用 section 元素时，需要注意以下三点：

（1）不要将 section 元素用作设置样式的页面容器。
（2）如果 article 元素、aside 元素或 nav 元素更符合使用条件，不要使用 section 元素。
（3）没有标题的内容区块不要使用 section 元素定义。

示例如下：

```
<article>
    <header>
        <h2>小张的个人介绍</h2>
```

```
        </header>
        <p>小张是一个好学生,是一个帅哥。</p>
        <section>
            <h2>评论</h2>
            <article>
                <h3>评论者:A</h3>
                <p>小张真的很帅</p>
            </article>
            <article>
                <h3>评论者:B</h3>
                <p>小张是一个好学生</p>
            </article>
        </section>
</article>
```

在 HTML5 中,article 元素可以看作是一种特殊的 section 元素,它比 section 元素更具有独立性,即 section 元素强调分段或分块,而 article 元素强调独立性。如果一块内容相对来说比较独立、完整时,应该使用 article 元素;但是如果想要将一块内容分成多段时,应该使用 section 元素。

5. aside 元素

aside 元素被包含在 article 元素中作为主要内容的附属信息部分,其中的内容可以是与当前文章有关的资料、标签、名词解释等。在 article 之外则可做侧边栏,其中的内容可以是日志串联,其他组的导航,甚至广告等其他类似的有别于主要内容的部分。

示例如下:

```
<article>
    <p>内容</p>
    <aside>
        <h1>作者简介</h1>
        <p>小张,前端一枚</p>
    </aside>
</article>
```

6. footer 元素

footer 元素用于定义一个页面或者区域的底部,它可以包含所有通常放在页面底部的内容。与 header 元素相同,一个页面中可以包含多个 footer 元素。同时,也可以在 article 元素或者 section 元素中添加 footer 元素。

应该用 footer 元素来包含其所在区域的辅助信息。例如可以用它包含一组指向其他页面的超链接,或者用它包含版权信息,通常含有该节的一些基本信息,譬如:作者,相关文档链接,版权资料等。如果 footer 元素包含了整个节,那么它们就代表附录、索引、许可协议、类别等一些其他类似信息。

```
<footer>
Copyright &copy; **信息技术有限公司
</footer>
```

注意：主流的浏览器对 HTML5 和 CSS3 新增的标签和属性有很好的支持，但是在 IE8 及以下的浏览器是不能够识别的，不过 IE8 及以下的浏览器正处于淘汰中，现在已经很少使用这样低版本的浏览器了。

2.2.9　HBuilder 编辑器常用的快捷方式

1. 生成标签

可以通过直接输入标签名，按 Tab 键生成，比如：在页面中输入 div，然后按 Tab 键，就可以生成<div></div>。

2. 生成多个相同标签

如果想要生成多个相同标签，加上 * 就可以了，比如在页面中输入 div*3，然后按 Tab 键，就可以快速生成 3 个 div，生成的代码如下：

```
<div></div>
<div></div>
<div></div>
```

3. 生成带有属性的标签

如果想要生成带有指定样式类属性或者 id 属性的 div 标签，如直接写 .demo，然后按 Tab 键就可以生成代码"<div class="demo"></div>"，若直接写 #demo，然后按 Tab 键就可以生成代码"<div id="demo"></div>"。

也可以生成其他带属性的标签。使用"#"生成 id 属性，使用"."生成 class 属性，使用"[ ]"生成自定义属性，使用"{ }"生成数据内容

在页面中输入 span#demo.red[alt=属性值]{数据内容}，然后按 Tab 键，就可以快速生成如下代码：

```
<span id="demo" class="red" alt="属性值">数据内容</span>
```

4. 生成层级标签

如果想要生成父子级关系的标签，可以用">"，比如在页面中输入 ul>li*6，然后按 Tab 键，就可以快速生成如下列表代码：

```
<ul>
    <li></li>
    <li></li>
    <li></li>
    <li></li>
    <li></li>
    <li></li>
</ul>
```

如果想要生成兄弟关系的标签，用"+"就可以了，比如在页面中输入 div+p，然后按 Tab 键，就可以快速生成如下代码：

```
<div></div>
<p></p>
```

使用"^"生成上级元素标签，示例如下：

在页面中输入 div>ul+ul^div,然后按 Tab 键,就可以快速生成如下代码:
<div>
<ul></ul>
<ul></ul>
</div>
<div></div>

在页面中输入 div>div#div>p^h1,然后按 Tab 键,就可以快速生成如下代码:
<div>
<div id="div">
<p></p>
</div>
<h1></h1>
</div>

2.3 HTML5 表单相关元素和属性

表单是 HTML 的一个重要组成部分,一般来说,网页通常会通过"表单"形式供浏览者输入数据,然后将表单数据返回服务器,以备登录或查询之用。

表单可以提供输入的界面,供浏览者输入数据,常见的应用有 Web 搜索、问卷调查、用户注册、在线订购等。

微课
表单

2.3.1 表单的定义

表单是页面上的一块特定区域,这块区域有一对<form>标签定义,这一步有两个作用:一方面,限定表单的范围,其他表单对象都要插入表单之中,单击"提交"按钮时,提交到服务器的也就是表单范围之内的内容;另一方面,携带表单的相关信息,如服务器端处理表单数据的程序位置,提交表单的方法,这些信息浏览者是看不到的,但是对于处理表单却有着重要的作用,具体定义方法如下:

<form>表单标签主要作用是设定表单的起始位置,并指定处理表单数据程序的 URL 地址,表单所包含的控件就在<form>与</form>之间定义。

语法格式如下:
<form action="url" method="ge|post" name="value">…</form>

1. action 属性

action 属性规定当提交表单时,向何处发送表单数据。

下面的示例代码表示当提交表单时,发送表单数据到名为"a.php"的文件(服务器端文件用来处理输入)。

<form action="a.php" method="get" >
  学号:<input type="text" name="stuId">
  <input type="submit" value="查询">
</form>

2. method 属性

method 属性,表示了发送表单信息的方式。method 有两个值:get 和 post。get 的方式是将表单控件的 name=value 格式的信息串经过编码之后,通过 URL 发送(可以在地址栏中看到)。而 post 则将表单的内容通过 http 发送,在地址栏中看不到表单的提交信息。那什么时候使用 get,什么时候使用 post 呢?一般是这样来判断,如果只是取得和显示数据,用 get;一旦涉及数据的保密和更新,那么建议使用 post。

2.3.2 表单控件

通过 HTML 表单的各种控件,用户可以输入文字信息,或者从选项中选择,以及做提交的操作。表单中的常用控件及相应的 HTML 标签见表 2-5。

表 2-5　　　　　　　　表单中的常用控件及相应的 HTML 标签

控件元素对象名称	type 属性值	HTML 元素示例
单行文本框	text	<input type="text" name="txt1" id="t1" value="john" onblur="checkString();">
多行文本框	textarea	<textarea name="txtNotes" id="txt1"></textarea>
按钮	button	<input type="button" name="btn1" id="btn1" value="查询" onclick="doValidate()">
单选钮	radio	<input type="radio" name="rdoAgree" id="rdoAgreeYes" checked value="yes"> <input type="radio" name="rdoAgree" id="rdoAgreeNo" value="no">
复选框	checkbox	<input type="checkbox" name="chkA" id="chakA1" value="1" checked> <input type="checkbox" name="chkA" id="chakA1" value="2"> <input type="checkbox" name="chkA" id="chakA1" value="3">
列表: (单选列表,默认) (多选列表, 有 multiple 属性标志)		<select name="listProvince" id="listProvince"> <option value="北京">北京</option> <option value="上海">上海</option> </select> <select size=8 multiple name="listProvince" id="listProvince"> <option value="北京">北京</option> <option value="上海">上海</option> </select>
密码框	password	<input type="password" name="txtPassword" id="txtPassword">
重置按钮	reset	<input type="reset" name="btnReset" id="btnReset">
提交按钮	submit	<input type="submit" name="btnSubmit" id="btnSubmit">

以上类型的输入区域有一个公共的属性 name,此属性给每一个输入区域一个名字。这个名字与输入区域是一一对应的,即一个输入区域对应一个名字。服务器就是通过调用某一输入区域的名字的 value 值来获取该区域的数据的。value 属性还可以用来指定输入区域的默认值。

语法格式如下:

<input 属性1 属性2…>

表单及控件常用属性见表 2-6。

表 2-6　　　　　　　　　　　表单及控件常用属性

属性	说明
name	控件名称
type	控件的类型，如 radio、text 等
align	指定对齐方式，可取 top、bottom、middle
size	指定控件的宽度
value	用于设定输入默认值
maxlength	在单行文本的时候允许输入的最大字符数
readonly	用于文本框中表示只能显示，不能添加修改
src	插入图像的地址
checked	设置单选框、复选框，初始状态为选中，属性值仅有 checked，表示初始就被选中
disabled	表示该元素被禁用，换句话说，该元素无法获取输入焦点，无法被选中，无法响应单击事件

1. 单行文本输入框（input type="text"）

单行文本输入框允许用户输入一些简短的单行信息，如用户姓名。

语法格式如下：

<input type="text" name="field_name" maxlength="value" size="value" value="field_value">

这些属性都包含在表 2-6 中。

2. 密码输入框（input type="password"）

密码输入框主要用于保密信息的输入，如密码。因为用户输入的时候，显示的不是输入的内容，而是"＊"号。

语法格式如下：

<input type="password" name="field_name" maxlength="value" size="value"/>

3. 单选框（input type="radio"）

用户填写表单时，有一些内容可以通过让浏览者做出选择的形式来实现，如常见的网上调查，首先提出若干问题，然后让浏览者在若干个选项中做出选择。选择控件通常分为两种，单选框和复选框。使用单选框，让用户在一组选项里只能选择一个，选项以一个圆框表示。

语法格式如下：

<input type="radio" name="radio-field" value="radio-value" checked>

4. 复选框（input type="checkbox"）

复选框允许用户在一组选项中选择多个，用 checked 表示缺省已选的项。

语法格式如下：

<input type="checkbox" name="check-field" value="check-value" checked>

<label>标签为 input 元素定义标注。label 元素不会向用户呈现任何特殊效果。不过，它为用户改进了可用性。如果单击 label 元素内的文本，就会触发此控件。就是说，当用户选择该标签时，浏览器就会自动将焦点转到和标签相关的表单控件上。<label>标签的 for 属性值应当与相关元素的 id 属性值相同。

```
<form action="demo.php">
    <label for="male">男</label>
    <input type="radio" name="gender" id="male" value="男"><br>
    <label for="female">女</label>
    <input type="radio" name="gender" id="female" value="女"><br>
    <input type="submit" value="提交">
</form>
```

也可以使用<label>标签环绕达到一样的效果如下：

<label>男<input type="radio" name="gender" value="男"></label>

<label><input type="checkbox" name="hobby" value="足球"> 足球</label>

5. 下拉列表框（select）

下拉列表框是一种最节省空间的方式，正常状态下只能看到一个选项，单击下拉按钮打开列表后才能看到全部选项。

下拉列表框可以显示一定数量的选项，如果超出了这个数量，会自动出现滚动条，浏览者可以通过拖动滚动条来查看各选项。

通过<select>和<option>标签可以设计页面中的下拉列表框效果。

语法格式如下：

```
<select name="name" size="value">
    <option value="value" selected>选项1</option>
    <option value="value">选项2</option>
    ...
</select>
```

这些属性的含义见表2-7。

表 2-7　　　　　　　　　　下拉列表框标签的属性

属性	说明
name	菜单和列表的名称
size	下拉列表中可见选项的数目
multiple	列表中的项目多选，用户用<Ctrl>键来实现多选
value	选项值
selected	默认选项

6. 多行文本输入框（textarea）

多行文本输入框（textarea）主要用于输入较长的文本信息。

语法格式如下：

```
<textarea name="textfield_name" cols="value" rows="value" value="textfield_value">
    ...
</textarea>
```

这些属性的含义见表2-8。

表 2-8　　　　　　　　　　多行文本输入框的属性

属性	说明
name	多行输入框的名称
cols	多行输入框的列数
rows	多行输入框的行数
value	多行输入框的默认值

7. 普通按钮

表单中按钮起着至关重要的作用,按钮可以触发提交表单的动作,按钮可以在用户需要的时候将表单恢复到初始状态,还可以根据程序的需要,发挥其他作用。

表单中的按钮分为三类:普通按钮、提交按钮、重置按钮,其中普通按钮本身没有指定特定的动作,需要配合 JavaScript 脚本来进行表单处理。

语法格式如下:

＜input type="button" name="button_name" id="button_id" value="普通按钮"＞

语法解释:

value 的值代表显示在按钮上面的文字。

8. 提交按钮

通过提交按钮可以将表单中的信息提交给表单中的 action 所指向的文件。

语法格式如下:

＜input type="submit" name="button_value" id="button_id" value="提交"＞

语法解释:

单击提交按钮时,可以实现表单的提交。value 的值代表显示在按钮上面的文字。

9. 图像式提交按钮(input type="image")

使用传统的按钮形式往往会让人感觉单调,如果网页使用丰富的色彩或稍微复杂的设计,再使用传统的按钮形式,就会影响整体美感。这时,可以使用图像式提交按钮创建与网页整体效果统一的图像提交按钮。图像提交按钮是指可以在提交按钮位置上放置图像,这幅图像具有提交按钮的功能。

语法格式如下:

＜input type="image" src="图像路径" alt="Submit" width="28" height="48" ＞

语法解释:

type="image"相当于 type="submit",不同的是 type="image"以一个图像作为表单的按钮;src 属性表示图像的路径;alt 属性表示图像无法显示时的替代文本。

10. 重置按钮(input type="reset")

通过重置按钮将表单内容全部清除,恢复成默认的表单内容设定,重新填写。

语法格式如下:

＜input type="reset" value="重置"＞

语法解释:

value 用于按钮上的说明文字。

2.3.3 HTML5 表单常用新属性

1. placeholder

placeholder 是指文本框或处于未输入状态并且未获得光标焦点时,降低显示输入提示文字不透明度,如搜索框效果:<input type="text" placeholder="点击这里搜索">,由于 placeholder 是 HTML5 的新属性,仅支持 HTML5 的浏览器才支持 placeholder 属性。

2. type

HTML5 加入了新的 input 类型,type 字段为输入提供选择格式。常用的如下:type="color" 用于创建颜色选择器,如:<input type="color" value="#ff0000"/>。

<input type="time"/> 生成一个时间选择器,包括小时和分。

<input type="date"/>可以让用户输入一个日期的输入区域,也可以使用日期选择器,它的结果值包括年份、月份和日期,但不包括时间。

<input type="number"/>是方便数值输入的。如果是在移动端中,属性 type="number" 会唤起系统的数字键盘,类似还有 type="tel" 等。

type 字段只是为输入提供选择格式,更多情况下应该说新增的 type 是为了适配移动端 Web App 而存在的,例如说当 type="tel" 的时候,在手机上打开页面会出现电话键盘(不是数字键盘,两者并不一样,电话键盘还包括"*"和"#");当 type="email" 的时候,会出现带"@"和".com"符号的全键盘(各设备各系统实现有少许差异)。

3. pattern

该属性规定用于验证输入字段的模式,当触发表单提交的时候,浏览器会将输入与 pattern 属性做匹配来最终判断是不是有效输入。示例如下:

<form action="test.php">
　　Country code:<input type="text" name="country_code" pattern="[A-Za-z]{3}" title="Three letter country code">
　　<input type="submit" value="提交">
</form>

4. autofocus

规定在页面加载时,域自动地获得焦点。

让 name 属性为"stuId"的 input 输入域在页面载入时自动聚焦。示例如下:

学号:<input type="text" name="stuId" autofocus>

5. required

规定必须在表单提交之前填写输入域(不能为空)。示例如下:

<form action="test.php">
　　用户名:<input type="text" name="username" required><!--不能为空的 input 字段-->
　　<input type="submit" value="提交">
</form>

6. autocomplete 属性

为了完成表单的快速输入,浏览器一般提供了自动补全的功能选择。在用户填入的条目被保存的情况下,如果用户在表单再次输入相同或者部分相同的信息时,浏览器会提示相关条目,从而快速完成表单的输入,但很多时候需要对客户的资料进行保密,防止被恶意插件获取到。HTML5 新增加的 autocomplete 属性的默认值是 on,如果需要增加安全性,则可以在＜input＞中加入属性 autocomplete＝"off"。autocomplete 属性使用效果如图 2-12 所示。

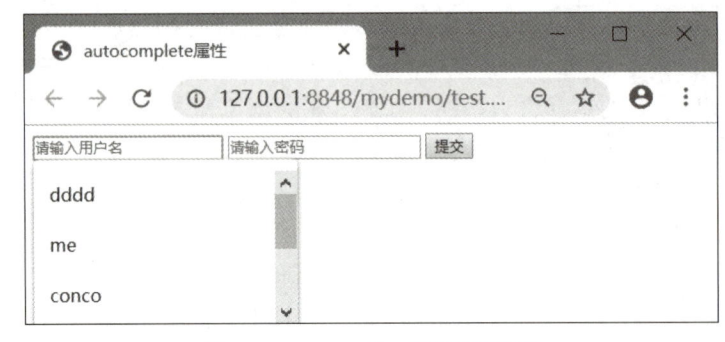

图 2-12　autocomplete 属性使用效果

代码如下:

＜form action＝"" method＝"post"＞
　　＜input type＝"text" name＝"username" placeholder＝"请输入用户名" autocomplete/＞
　　＜input type＝"text" name＝"password" placeholder＝"请输入密码" autocomplete＝"off"/＞
　　＜button type＝"submit"＞提交＜/button＞
＜/form＞

任务实施

1. 任务分析

本任务是采用 HTML 的布局方式,实现问卷调查页面起始页面、问卷调查页面及问卷调查信息统计展示页面的静态布局,如图 2-1～图 2-3 所示。单击图像,跳转到调查页面,填写表单,点击提交按钮,提交表单。

2. 创建 HTML 文件,实现起始页面静态布局

创建 survey.html 文件,添加元素及内容,实现单击图像,跳转到调查页面,完整代码如下:

＜! DOCTYPE html＞
＜html＞
＜head＞
＜meta charset＝"utf－8"＞
＜title＞ survey ＜/title＞
＜/head＞
＜body＞
＜a href＝"questionnaire.html"＞＜img src＝"img/survey.png"/＞＜/a＞
＜/body＞
＜/html＞

3. 创建 HTML 文件,实现测试页面静态布局

实现可以单选的问卷调查页面展示,每组单选框的 name 属性值是一样的,这样才能保证这一组中只有一个被选中。由于单选框比较小,选择起来比较麻烦,可以使用 label 标签进行环绕,使得单选框和选项文字被label标签包围,从而实现扩大选区的目的。

创建questionnaire.html文件,添加元素及内容,完整代码如下:

```html
<!DOCTYPE html>
<html>
<head>
<meta charset="utf-8">
<title>questionnaire</title>
</head>
<body>
<img src="img/logo.png"/>
<hr color="#FEA201"/><h3>满意度调查表</h3>
<p>1.您对本店服务的看法()。</p>
<label><input type="radio" name="tm1" value="A"/>A.满意</label>
<label><input type="radio" name="tm1" value="B"/>B.一般</label>
<label><input type="radio" name="tm1" value="C"/>C.不满意</label>
<p>2.您对本店餐品的看法()。</p>
<label><input type="radio" name="tm2" value="A"/>A.满意</label>
<label><input type="radio" name="tm2" value="B"/>B.一般</label>
<label><input type="radio" name="tm2" value="C"/>C.不满意</label>
<p>3.您最喜欢的两种面是()。</p>
<label><input type="checkbox" name="tm3" value="A"/>A.鸡丝面</label>
<label><input type="checkbox" name="tm3" value="B"/>B.牛肉面</label>
<label><input type="checkbox" name="tm3" value="C"/>C.海参面</label>
<label><input type="checkbox" name="tm3" value="D"/>D.菌菇面</label>
<label><input type="checkbox" name="tm3" value="D"/>E.鲍鱼面</label>
<p>4.写下您的意见或建议</p>
<textarea spellcheck="true" rows="3" cols="60"></textarea>
<p><input type="button" value="提 交"/>
</body>
</html>
```

4.创建HTML文件,实现调查信息统计页面静态布局

创建surveyInfo.html文件,制作调查信息统计展示页面。<meter>标签定义度量衡。仅用于已知最大和最小值的度量。在文件的body标签内添加以下内容:

```html
<img src="img/logo.png"/>
<hr color="#FEA201"/>
<table cellspacing="0" cellpadding="6" width="100%" align="center" border="1">
<caption>调查问卷信息统计表</caption>
<tr>
<th>客户</th>
<th>服务</th>
<th>餐品</th>
```

\<th\>最喜欢的面\</th\>

\</tr\>

\<tr align="center"\>

\<td\>客户 A\</td\>

\<td\>A.满意\</td\>

\<td\>A.满意\</td\>

\<td\>菌菇面,牛肉面\</td\>

\</tr\>

\<tr align="center"\>

\<td\>客户 B\</td\>

\<td\>A.满意\</td\>

\<td\>A.满意\</td\>

\<td\>鲍鱼面,牛肉面\</td\>

\</tr\>

\<tr align="center"\>

\<td\>客户 C\</td\>

\<td\>A.满意\</td\>

\<td\>B.一般\</td\>

\<td\>鲍鱼面,牛肉面\</td\>

\</tr\>

\</table\> \<br\>

餐品的满意度调查统计:\<br\>

满意:\<meter value="2" min="0" max="3"\>\</meter\> \<br\>

一般:\<meter value="1" min="0" max="3"\>\</meter\> \<br\>

不满:\<meter value="0" min="0" max="3"\>\</meter\>

同步练习

一、理论测试

1. 以下说法中,错误的是(　　)。

A. 获取 WWW 服务时,需要使用浏览器作为客户端程序

B. WWW 服务和电子邮件服务是 Internet 提供的最常用的两种服务

C. 网站就是一系列逻辑上可以视为一个整体的页面的集合

D. 所有网页的扩展名都是.htm

2. 最大标题的元素是(　　)。

A. \<head\>　　　　B. \<title\>　　　　C. \<h1\>　　　　D. \<h6\>

3. 以下说法中,正确的是(　　)。

A. p 标签符与\<br\>标签符的作用一样

B. 多个 p 标签符可以产生多个空行

C. 多个\<br\>标签符可以产生多个空行

D. p 标签符的结束标签符通常不可以省略

4. 以下有关列表的说法中,错误的是(　　)。
   A. 有序列表和无序列表可以互相嵌套
   B. 指定嵌套列表时,也可以具体指定项目符号或编号样式
   C. 无序列表应使用 ul 和 li 标签符进行创建
   D. 在创建列表时,li 标签符的结束标签符不可省略

5. 以下有关表单的说明中,错误的是(　　)。
   A. 表单通常用于搜集用户信息
   B. 在 form 标签符中使用 action 属性指定表单处理程序的位置
   C. 表单中只能包含表单控件,而不能包含其他诸如图像之类的内容
   D. 在 form 标签符中使用 method 属性指定提交表单数据的方法

6. 以下说法中,错误的是(　　)。
   A. 表格在页面中的对齐应在 table 标签符中使用 align 属性
   B. cellspacing 属性设置表格的单元格边框与其内部内容之间的空间大小
   C. cellpadding 属性设置表格的单元格边框与其内部内容之间的空间大小
   D. 表格内容的默认水平对齐方式为左对齐

7. 在网页中显示特殊字符,如果要输入"<",应使用(　　)。
   A. lt;   B. ≪   C. <   D. >

8. a 标签中表示跳转路径的属性是(　　)。
   A. name   B. href   C. target   D. class

9. form 标签中文件上传必不可少的属性是(　　)。
   A. name   B. action   C. method   D. enctype

10. input 标签中,属性 type 的值是(　　),表示文件上传。
    A. text   B. file   C. password   D. button

11. <textarea></textarea>标签中表示文本可见宽度的属性是(　　)。
    A. name   B. cols   C. rows   D. disabled

12. 以下有关表单的说明中,错误的是(　　)。
    A. 表单通常用于搜集用户信息
    B. form 标签中使用 action 属性指定表单处理程序的位置
    C. 表单中只能包含表单控件,而不能包含其他诸如图像之类的内容
    D. form 标签中使用 method 属性指定提交表单数据的方法

13. 要将插入的图像大小设为宽 50 像素,高为 100 像素,则正确代码为(　　)。
    A. <img src="images/banner3.jpg" width="50" height="100"/>
    B. <img src="images/banner3.jpg" width="100" height="50"/>
    C. <img src="images/banner3.jpg" width:50,height:100/>
    D. <img src="images/banner3.jpg" width:100,height:50/>

14. 用于播放 HTML5 视频文件的正确 HTML5 元素是(　　)。
    A. <movie>   B. <media>   C. <video>   D. <audio>

15. 用于播放 HTML5 音频文件的正确 HTML5 元素是（　　）。

A. ＜mp3＞　　　　B. ＜audio＞　　　　C. ＜sound＞　　　　D. ＜video＞

16. 下述（　　）表示表单控件元素中的复选框元素。

A. ＜check＞　　　　　　　　　　B. ＜input type="checkbox"＞

C. ＜input type="check"＞　　　　D. ＜checkbox＞

二、实训内容

1. 制作登录页面。

2. 制作密码修改页面。

3. 制作可以单选和多选的试卷题目展示。

4. 制作图书信息表格，如图 2-13 所示。

书名	出版日期	ＩＳＢＮ	(估)定价
大数据分析及应用实践（第二版）	2020-09-03	978-7-04-034148-5	38.00元
python程序设计	2020-09-01	978-7-04-054305-6	43.00元
photoshop cc 2019中文版标准教程（第7版）	2020-08-31	978-7-04-054117-5	55.00元
网页设计教学做一体化教程	2020-08-28	978-7-04-054432-9	46.00元
计算机应用基础实训指导（windows 7 + office 2010）（第2版）	2020-07-20	978-7-04-054228-8	48.00元
人工智能概论	2020-07-17	978-7-04-054156-4	39.80元
web前端开发基础	2019-12-18	978-7-04-051901-3	48.00元
java程序设计项目教程（第2版）	2019-12-10	978-7-04-052994-4	55.00元
oracle数据库系统应用开发实用教程（第3版）	2019-12-09	978-7-04-052439-0	55.00元

图 2-13　图书信息表格

任务 3

实现简洁立体菜单效果

学习目标

- 掌握 CSS 的引用、分类方式。
- 能够使用字体、颜色、背景与文字属性。
- 能够使用边距、填充与边框属性。
- 能够使用列表属性。
- 掌握各类元素 CSS 设置与盒模型的应用。
- 掌握页面布局的方法。
- 掌握常用的 CSS3 文字阴影、盒阴影、渐变背景等效果的实现。
- 能够使用弹性布局实现简洁立体菜单效果。

任务描述

本任务实现在线学习系统主页面的布局和美化,效果如图 3-1 所示。

图 3-1 菜单效果

知识准备

3.1 CSS3 介绍

3.1.1 样式表简介

CSS 是 Cascading Style Sheet 的缩写,可以翻译为"层叠样式表"或"级联样式表",简称样式表。它可以定义在 HTML 文档的标签里,也可以在外部附加文档中作为附加文件,即外联样式表。此时,一个样式表可以作用多个页面,乃至整个站点,因此具有更好的易用性和拓展性。CSS3 是由以前的 CSS 发展出来的,因此,CSS3 保留了以前 CSS 的大部分样式属性。

利用 CSS 不仅可以控制一篇文档中的文本格式,而且可以控制多篇文档的文本格式。因此使用 CSS 样式表定义页面,会使工作量大大减小。一些好的 CSS 样式表的建立,可以更进一步地对页面进行美化,对文本格式进行精确定制。极大地提升页面的美观性和可读性。

CSS 样式表的功能一般可以归纳为以下几点:
- 灵活控制页面中文字的字体、颜色、大小、间距、风格及位置。
- 可以设置一个文本块的行高、缩进,并可以为其加入三维效果的边框。
- 更方便定位网页中的任何元素,设置不同的背景颜色和背景图像。
- 精确控制网页中各元素的位置。
- 与 div 元素结合进行网页页面布局。

CSS 的发展是向模块发展的,模块包括:盒子模型、列表模块、超链接方式、语言模块、背景和边框、文字特效等。很多以前需要使用图像和脚本来实现的效果,CSS3 只需要短短几行代码就能解决,比如圆角、图像边框、文字阴影和盒阴影、渐变等。CSS3 不仅能简化前端开发工作人员的设计过程,还能加快页面载入速度。CSS3 选择器是个强大工具,若想实现一个干净的、轻量级的标签以便结构与表现更好地分离,高级选择器是非常关键的。它们可以减少在标签中的 class 和 id 属性的数量,并让设计师更方便地维护样式表。

3.1.2 样式表的规则

CSS 样式设置规则由选择器和声明块组成。选择器是需要改变样式的 HTML 元素(例如:body、table、td、p、样式类名称、id 属性值等)。其中,声明块由一条或多条声明组成,声明块以左大括号开始,右大括号结束。

声明则用于定义样式属性。每条声明由样式属性和值组成。CSS 属性和值用冒号分开。声明必须以分号结尾。

语法格式如下:

选择器{属性 1;属性值 1;属性 2;属性值 2;}

在下面的示例中,p 为选择器,在"{ }"中的所有内容为声明块。表示了 <p></p> 标

签内的所有文本的字体为宋体,字体大小为18px。代码如下:

```
p {
    font-family:"宋体";
    font-size:18px;
}
```

3.1.3 样式表注释方法

CSS的注释方法以"/*"开始,一直到"*/"结束,如:<style type="text/css">/* css 注释 */</style>,在单独的CSS样式表文件中也采用此方法注释,示例如下:

```
/* 创建人:韩梅梅
 * 创建时间:2020.5.8
 * 作用:设置文字样式
 */
/* ----------文字样式开始---------- */
.white12px {
    color:white;         /* 白色12像素文字 */
    font-size:12px;
}
/* ----------文字样式结束---------- */
```

3.2 样式表的使用

3.2.1 常用添加CSS的方法

当浏览器读取样式表时,要依照文本格式来读,这里介绍常用的在页面中插入样式表的方法:行内样式表、内联样式表、外联样式表。

1. 行内样式表

行内样式表直接书写在标签的style属性中,style属性可以包含任何CSS属性,当style属性中有多个CSS属性的时候,要用分号隔开。效果仅可控制该标签。示例如下:

<div style="width:200px;height:200px;background:#FF0000;color:#FFFFFF;"></div>

2. 内联样式表

内联样式表又称内部样式表,给单个HTML文件添加样式的时候,可以使用内部样式表。方法是在HTML页面的<head>元素中嵌入style元素,将CSS样式都写在style样式中。

【例3-1】 内联样式表,页面效果如图3-2所示。完整代码如下:

<!DOCTYPE html>
<html>
<head>
<meta charset="utf-8">
<title>内联样式表</title>

```
<style tyle="text/css">
    p{ color：green；text-align：center；}
    h3{ color：red；text-align：center；text-decoration：underline；}
</style>
</head>
<body>
<p>一个CSS应用页面！</p>
<h3>一个CSS应用页面！</h3>
</body>
</html>
```

图 3-2 内联样式表使用

提示：第一种与第二种引用 CSS 样式的方法都属于引用内部样式表，即样式表规则的有效范围只限于该 HTML 文件，在该文件以外将无法使用。

3. 外联样式表

外联样式表又称外部样式表或链接样式表，当样式需要应用于很多页面时，外联样式表将是理想的选择。这里的外联样式表指的是 CSS 文件，CSS 文件的后缀名为".css"，HTML 文件通过<link>标签链接到样式表。可以将多个 HTML 文件链接到同一个样式表上，如果改变样式表文件中的一个设置，所有的网页都会随之改变。

将一个独立的后缀名为".css"文件引入 HTML 文件中，使用<link>标签写在<head>标签中。外联样式表会在网页文件主体装载前装载 CSS 文件。

语法格式如下：

<link rel="stylesheet" href="*.css" type="text/css">

语法解释：样式定义在独立的 CSS 文件中，并将该文件链接到要运用该样式的 HTML 文件中。href 用于设置链接的 CSS 文件的位置，可以是绝对地址或相对地址，rel="stylesheet"表示是外联样式表，是外联样式表的必有属性。*.css 为已编辑好的 CSS 文件。

【例 3-2】 外联样式表，页面效果如图 3-3 所示，可以看到效果和图 3-2 一样。

步骤如下：

创建 CSS 文件 my.css，代码如下：

p{ color：green；text-align：center；}
h3{ color：red；text-align：center；text-decoration：underline；}

创建 HTML 文件，代码如下：

<!DOCTYPE html>
<html>

图 3-3 外联样式表使用

```
<head>
<meta charset="utf-8">
<title>外联样式表</title>
<link href="my.css" rel="stylesheet" type="text/css">
</head>
<body>
<p>一个 CSS 应用页面！</p>
<h3>一个 CSS 应用页面！</h3>
</body>
</html>
```

内联样式表及行内样式表不利于网页的维护与重构,还会降低代码的可读性,在代码较多时通常不推荐使用这种方式。同一 CSS 样式,内联样式表的优先级高于外联样式表。例如,在外联样式表中给元素 p 设置字体颜色为蓝色,同时在内联样式表中设置字体颜色为红色,那么元素 p 的最终样式颜色为红色。

3.2.2 选择器的分类

CSS 的主要功能就是将某些规则应用于文档中同一类型的元素,这样可以减少网页设计者的工作量。每个样式表由一系列的规则组成,每条规则由两部分组成:选择器和声明。其实所谓的声明就是属性和值的组合。

1. 标签选择器

标签选择器也称为类型选择器,HTML 中的所有标签都可以作为标签选择器。例如对 body 定义网页中的文字大小、颜色和行高代码如下:

body {font-size:12px;color:#000000;line-height:18px;}

2. 类选择器

在为多个元素设置同一样式的时候,最常用的选择方式就是类选择器。定义类选择器时,在自定义样式类的前面需要加一个点号。

例如定义"欲穷千里目 更上一层楼"文本为红色并且向右对齐:

.right {color:#FF0000;text-align:right;}

调用的方法是:

<p class="right">欲穷千里目 更上一层楼</p>

3. id 选择器

在 HTML 页面中,id 属性标识了某个单一元素,id 选择器是用来对某个单一元素定义单独的样式。示例如下：

<p id="title1">欲穷千里目 更上一层楼</p>

可见<p>标签被标识了 id 属性值为 title1。因此，id 选择器的使用和类选择器类似，只要将 class 属性换成 id 属性即可，id 属性值为 title1 的选择器样式定义如下：

#title1{color：#FF0000;text-align:center}

4. 伪类选择器

伪类选择器可以看作是一种特殊的类选择器，是能被支持 CSS 的浏览器自动识别的特殊选择器。之所以称"伪"是因为它们所指定的对象在文档中并不存在，它们指定的是元素的某种状态，例如：

a:link {color: #000000; text-decoration: none;}
a:visited {color: #333333; text-decoration: none;}
a:hover {color: #f83800; text-decoration: underline;}
a:active {color: #666666; text-decoration: none;}

为了确保每次鼠标经过文本时的效果都相同，建议在定义样式时一定要按照 a:link、a:visited、a:hover 与 a:active 的顺序依次书写。

:link、:active 和 :visited 只能用于描述超链接的状态。:hover 不仅用于描述超链接的状态，也可以用于其他元素。:hover 伪类表示在鼠标移动到元素上时向该元素添加的特殊样式。

其他常用伪类选择器举例如下：

:first-child   向元素添加样式，且该元素是它的父元素的第一个子元素
:nth-child(n)   向元素添加样式，且该元素是它的父元素的第 n 个子元素

5. 后代选择器

后代选择器是选择父元素的所有子孙元素，后代选择器是可以对某种元素包含关系定义的样式表。元素 1 里包含元素 2，这种方式只对在元素 1 里的元素 2 定义，对单独的元素 1 或元素 2 无定义，这样做可以避免使用过多的 id 或 class 属性，直接对所需设置的元素进行样式定义。同时包含选择器可以在两者之间包含，也可以支持多级包含。选择 div 元素下面所有的 p 元素的示例如下：

div p{ background-color:red}

6. 一级子元素选择器

选择某个元素的直接子元素，不会再向下查找元素。选择 div 元素下面直接子元素 p 的示例如下：

div>p{ background-color:red; }

7. 属性选择器

CSS3 可以根据元素属性的部分内容来选择元素。常用的三种匹配模式分别是：

（1）以特定前缀开头

element[attribute^="value"]用于选取属性值以指定值开头的元素。该选择器的关键字符是^，它的意思是"以此开头"。示例如下：

img[alt^="film"] { border: 3px dashed #e15f5f; }

（2）以特定后缀结尾

element[attribute$="value"]用于选取属性值以指定值结尾的元素。该选择器的关

键字符是 $,它的意思是"以此结尾"。示例如下:
　　img[alt $ ="film"] { border:3px dashed #e15f5f; }
　　(3) 包含特定字符串
　　element [attribute * ="value"] 用于选取属性值中包含指定值的元素,位置不限,也不限制整个单词。该选择器的关键字符是 *,它的意思是"包含"。示例如下:
　　img[alt * ="film"] { border:3px dashed #e15f5f; }

8. 分组选择器

给多个选择器添加同样的 CSS 样式效果,选择器之间要用逗号隔开,目的是优化代码,减少重复。

例如:

h1,h2,h3,h4,h5,h6,td{color:#666666;}

这里的样式表示 h1,h2,h3,h4,h5,h6,td 中的文本颜色都为灰色(#666666)。

3.2.3 选择器的优先级

CSS 的继承性,也被称为样式表的层叠性。样式表的继承规则是外部的元素样式会保留下来继承给这个元素所包含的其他元素。

如果在同一个选择器上使用了多个不同的样式表时,这些样式相互冲突,产生不可预料的效果。浏览器根据以下规则显示样式属性。

如果在同一文本中应用两种样式时,浏览器显示出两种样式中除冲突属性外的所有属性。

如果在同一文本中应用的两种样式是相互冲突的,浏览器显示出最里面的样式属性。

如果存在直接冲突,自定义样式表的属性(应用 class 属性的样式)将覆盖 HTML 标签样式的属性。

如果 body 与 p 同时定义了<p>标签内文本的颜色,也就是样式表的内容为:

body{color:red;font-size:16px;}

p{color:blue;}

那么在页面显示时,段落文字的字号会继承 body 的 16px 文字,而颜色则按照最后定义的蓝色显示,即元素自身的样式优先于继承得到的样式。当元素从父级继承到的属性与自身的属性发生冲突时,浏览器会优先显示元素自身的属性。

一般来说,影响文字外观的属性如颜色、行高、大小等都可以被继承,其他属性如边框、<a>标签的颜色等是不可以被继承的。

样式作用在同一元素上的优先级顺序为:内联样式 > ID 选择器 > 类选择器 = 属性选择器 = 伪类选择器 > 标签选择器。

3.3　字体、颜色、背景与文字属性

3.3.1　设置样式表的字体属性

CSS 的字体属性主要包括字体族科、字体大小、加粗字体以及英文字体的大小转换等。

1. 字体设置——font-family

字体族科实际上就是 CSS 中设置的字体,用于改变 HTML 元素内的字体。

语法格式如下:

font-family:"字体 1","字体 2","字体 3";

说明:浏览器不支持第一个字体时,会采用第二个字体;前两个字体都不支持时,则采用第三个字体,以此类推。浏览器不支持定义的所有字体,则会采用系统的默认字体。必须用双引号引住任何包含空格的字体名。

2. 设置字号——font-size

字体大小属性用作修改字体显示的大小。

语法格式如下:

font-size:大小取值

字体大小属性常用取值单位如下:

px:px 表示像素,绝对单位,是电脑上表示图像长度的基础单位。当页面表示精确长度的时候,选择 px 作为单位比较合适。

em:相对单位,基准点为父元素字体的大小,如果自身定义了 font-size 按自身来计算,单位转为像素值,示例如:"font-size:2em;"。若继承过来的字体大小为 18px,2em 将等同于 36px。

rem:rem 是 CSS3 新增的一个相对单位(root em,根 em),使用 rem 为元素设定字体大小时,也是相对大小,但相对的只是 HTML 根元素。这个单位可谓集相对大小和绝对大小的优点于一身,通过它既可以做到只修改根元素就可以成比例地调整所有字体大小,又可以避免字体大小逐层复合的连锁反应。目前,除了 IE8 及更早版本外,所有浏览器均已支持 rem。当使用 rem 为单位,转化为像素大小取决于页面根元素的字体大小,即 HTML 元素的字体大小。像素大小等于根元素字体大小乘以 rem 前面的值。例如,根元素的字体大小为 16px,10rem 将等同于 160px。

3. 字体风格——font-style

字体风格就是字体样式,主要是设置字体是否为斜体。

语法格式如下:

font-style:样式的取值

取值范围:normal|italic|oblique

说明:normal(缺省值)是以正常的方式显示;italic 则是以斜体显示文字;oblique 属于其中间状态,以偏斜体显示。

4. 设置加粗字体——font-weight

font-weight 属性用于设置字体的粗细,实现对一些字体的加粗显示。

语法格式如下:

font-weight:字体粗度值

取值范围:normal|bold|bolder|lighter|number

说明:normal(缺省值)表示正常粗细;bold 表示粗体;bolder 表示特粗体;lighter 表示特细体;number 表示 font-weight 还可以取数值,其范围是 100~900,而且一般情况下都是整百的数,如 100、200 等。正常字体相当于取数值 400 的粗细,粗体则相当于 700 的粗细。

5. 小型的大写字母——font-variant

font-variant 属性用来设置英文字体是否显示为小型的大写字母。

语法格式如下：

font-variant:取值

取值范围:normal|small-caps

说明:normal(缺省值)表示正常的字体,small-caps 表示英文显示为小型的大写字母字体。

6. 复合属性:字体——font

font 属性是复合属性,用作对不同字体属性的略写,特别是行高。

语法格式如下：

font:字体取值

说明:字体取值可以包含字体族科、字体大小、字体风格、小型的大写字母,之间使用空格相连接。

3.3.2 颜色及背景属性

颜色和背景属性主要包括颜色属性设置、背景颜色、背景图案、背景重复、背景附件和背景位置。

1. 颜色值的表示方法

颜色值的表示方法主要有以下几种：

(1)用颜色的英文名称表示颜色值,CSS 颜色规范中定义了 147 种颜色名。例如,Blue 表示蓝色。

(2)十六进制颜色是这样规定的:♯RRGGBB,其中的 RR(红色)、GG(绿色)、BB(蓝色)十六进制整数规定了颜色的成分,所有值必须介于 0 与 ff 之间。例如,♯ff0000 值显示为红色,这是因为红色成分被设置为最高值(ff),而其他成分被设置为 0。

(3)RGB 颜色值是这样规定的:rgb(red, green, blue),每个参数定义颜色的强度,可以是介于 0 至 255 之间的整数,也可以是从 0%到 100%的百分数。例如,rgb(0,255,0)值显示为绿色,这是因为 green 参数被设置为最高值 255,而其他参数被设置为 0。

(4)当需要设置透明度的时候,使用 rgba(r, g, b, a)函数来表示,不透明度 a 值的范围是 0~1,其中 0 表示全透明,1 表示不透明。如:rgba(64,158,255,0.5)。

注意:所有浏览器都支持前 3 种表达颜色的方法,低版本浏览器尚不支持 rgba(r, g, b, a)。支持 rgba(r, g, b, a)的浏览器有:IE9+、Firefox 3+、Chrome、Safari 和 Opera 10+。

2. 文本颜色属性设置 color

文本对于网页制作至关重要,它不仅关乎页面的美观,还直接关系到浏览者能否高效地获取页面上的内容。一般文本颜色和背景颜色要有较大的对比度。若不定义,就从父元素(上一级元素)继承颜色。

语法格式如下：

color:颜色值

3. 背景颜色 background-color

在 CSS 中,使用 background-color 属性设置背景颜色。

语法格式如下:

background-color:颜色取值

4. 背景图像 background-image

在 CSS 中,背景图像属性为 background-image,用来设置一个元素的背景图像。

语法格式如下:

background-image:url(图像地址)

说明:图像地址可以设置成绝对地址,也可以设置成相对地址。

5. 背景重复 background-repeat

背景重复属性也称为背景图像平铺属性,用来设定对象的背景图像是否重复以及如何铺排。

语法格式如下:

background-repeat:取值

取值范围:repeat|no-repeat|repeat-x|repeat-y

说明:repeat 表示背景图像横向和纵向都重复;no-repeat 表示背景图像横向和纵向都不重复;repeat-x 表示背景图像横向重复;repeat-y 表示背景图像纵向重复。

这个属性和 background-image 属性连在一起使用。

只设置 background-image 属性,没设置 background-repeat 属性,在缺省状态下,图像既横向重复,又纵向重复。

6. 背景附件 background-attachment

背景附件属性用来设置背景图像是随对象内容滚动还是固定的。

语法格式如下:

background-attachment:取值

取值范围:scroll|fixed

说明:scroll 表示背景图像随对象内容滚动,是默认选项;fixed 表示背景图像固定在页面上静止不动,只有其他的内容随滚动条滚动。

这个属性和 background-image 属性连在一起使用。

7. 背景位置 background-position

背景位置属性用于指定背景图像的最初位置。

语法格式如下:

background-position:位置取值

取值范围:[<百分比>|<长度>]{1,2}|[top|center|bottom]||[left|center|right]

说明:该语法中的取值范围包括两种,一种是采用数字,即[<百分比>|<长度>]{1,2};另一种是关键字描述,即[top|center|bottom]||[left|center|right],它们具体含义如下:

- [<百分比>|<长度>]{1,2}:使用确切的数字表示图像位置,使用时首先指定横向位置,接着是纵向位置。"百分比"和"长度"可以混合使用,可以设定为负值。默认取值是 0%,0%。
- [top|center|bottom]||[left|center|right]:left,center,right 是横向的关键字,横向表示在横向上取 0%,50%,100%的位置;top,center,bottom 是纵向的关键字,纵向表示在纵向上取 0%,50%,100%的位置。

这个属性和 background-image 属性连在一起使用。

8. 背景大小 background-size

background-size 指定背景图像的大小。CSS3 以前，背景图像大小由图像的实际大小决定。

CSS3 中可以指定背景图像，让我们重新在不同的环境中指定背景图像的大小。可以指定像素或百分比大小。百分比指定的大小是相对于父元素的宽度和高度的百分比的大小。

示例如下：

```
div{
    background:url(img_flwr.gif);
    background-size:80px 60px;
    background-repeat:no-repeat;
}
```

伸展背景图像完全填充内容区域的示例如下：

```
div{
    background:url(img_flwr.gif);
    background-size:100% 100%;
    background-repeat:no-repeat;
}
```

9. 复合属性：背景 background

背景 background 也是复合属性，它是一个背景相关属性的简写。

语法格式如下：

background:取值

这个属性是设置背景相关属性的一种快捷的综合写法，包括背景颜色 background-color，背景图像 background-image，重复设置 background-repeat，背景附加 background-attachment，背景位置 background-position 等之间用空格相连。

10. CSS3 多重背景

排在最前面的图像在浏览器中显示时会覆盖在最上面。我们还可以在声明中追加背景颜色，像下面这样：

background:url('img/1.png'),url('img/2.png'),url('img/3.png') left bottom,black;

不支持多重背景规则的浏览器（如 IE8 及更低版本）会直接忽略整条规则。所以可以在 CSS3 多重背景规则之前再添加一条普通背景规则作为针对老版本浏览器的备用方案。

3.3.3 文本属性

在 CSS 中，文本属性主要包含单词间隔、字符间隔、文字修饰等，下面进行详细讲解。

1. 单词间隔 word-spacing

单词间隔用来定义附加在单词之间的间隔数量，但其取值必须符合长度格式。单词间隔的设置多用于英文文本。

语法格式如下：

word-spacing:取值

取值范围：normal|＜长度＞

normal 是指正常的间隔，是默认选项；长度是设定单词间隔的数值及单位。

2. 字符间隔 letter-spacing

字符间隔和单词间隔类似，不同的是字符间隔用于设置字符的间隔值。字符间隔的设置多用于中文文本中。

语法格式如下：

letter-spacing：取值

取值范围：normal|＜长度＞

normal 是指正常的间隔，是默认选项；长度是设定字符间隔的数值及单位。

3. 文字修饰 text-decoration

文字修饰属性主要是用于对文本进行修饰，如设置下划线、删除线等。

语法格式如下：

text-decoration：修饰值

取值范围：none|[underline|overline|line-through|blink]

说明：none 表示不对文本进行修饰，这是默认属性值；underline 表示对文字添加下划线；overline 表示对文本添加上划线；line-through 表示对文本添加删除线；blink 则表示文字闪烁效果，这一属性值只有在 Netscape 浏览器中才能正常显示。

4. 纵向排列 vertical-align

纵向排列属性也称为垂直对齐方式，它可以设置一个内部元素的纵向位置，相对于它的上级元素或相对于元素行。内部元素是没有行在其前和后断开的元素，例如，在 HTML 中 a 和 img。它主要用于对图像的纵向排列。

语法格式如下：

vertical-align：排列取值

取值范围：baseline|sub|super|top|text-top|middle|text-bottom|bottom|＜百分比＞

说明：baseline 使元素和上级元素的基线对齐，是默认值；sub 为垂直对齐文本的下标；super 为垂直对齐文本的上标；top 为使元素的顶端与行中最高元素的顶端对齐；text-top 使元素的顶端与上级元素字体的顶端对齐；middle 是把此元素放置在上级元素的中部；text-bottom 使元素和上级元素字体的底端对齐；bottom 是使元素及其后代元素的底部与整行的底部对齐；百分比是一个相对于元素行高属性的百分比，它会在上级基线上增高元素基线的指定数量，这里允许使用负值，负值表示减少相应的数量。

5. 文本转换 text-transform

文本转换属性仅被用于转换英文文字的大小写。

语法格式如下：

text-transform：转换值

取值范围：none|capitalize|uppercase|lowercase

说明：none 表示使用原始值；capitalize 使每个字的第一个字母大写；uppercase 使每个单词的所有字母大写；lowercase 则使每个字的所有字母小写。

6. 文本的水平对齐 text-align

text-align 属性的功能类似于 HTML 的段、标题和部分的 align。

语法格式如下：

text-align:对齐方式的值

取值范围：left|right|center|justify

说明：left 为左对齐；right 为右对齐；center 为居中对齐；justify 为两端对齐。

7. 文本缩进 text-indent

文本缩进属性用于定义 HTML 中元素（如 p，h1 等）的第一行可以接受的缩进量，常用于设置段落的首行缩进。

语法格式如下：

text-indent:缩进值

说明：文本的缩进值是以 px 或 em 为单位使用数值或一个百分比进行首行缩进。若设定为百分比，则以上级元素的宽度而定。

8. 文本行高 line-height

行高属性用于控制文本的行高。

语法格式如下：

line-height:行高值

取值范围：normal|<数字>|<长度>|<百分比>

说明：normal 表示默认的行高，一般由字体大小的属性自动产生；值为数字时，行高由元素字体大小的量与该数字相乘所得；长度属性则是直接使用数字和单位设置行高；值为百分比时，表示相对于元素字体大小的比例，不允许使用负值。

9. 处理空白 white-space

white-space 属性用于设置页面对象内空白（包括空格和换行等）的处理方式。默认情况下，HTML 中的连续多个空格会被合并成一个，而使用这一属性可以设置成其他的处理方式。

语法格式如下：

white-space:值

取值范围：normal|pre|nowrap

说明：normal 是默认属性值，即将连续的多个空格合并；pre 作用类似 HTML 中的<pre>标签；nowrap 则表示强制在同一行内显示所有文本，直到文本结束或者遇到
标签。

3.4 边距、填充与边框属性

3.4.1 边距与填充属性

边距属性用于设置元素周围的边距宽度，主要包括上、下、左、右 4 个边距的距离设置。填充属性也称为补白属性，用于设置边框和元素内容之间的间隔数，同样包括上、下、左、右 4 个方向的填充值。

1. 顶端边距 margin-top

顶端边距属性也称上边距，以指定的长度或百分比来设置元素的上边距。

语法格式如下：

margin-top:边距

取值范围：长度│百分比│auto

说明：长度相当于设置顶端的绝对边距，包括数字和单位；百分比则是设置相对于上级元素的宽度的百分比，允许使用负值；auto 是自动取边距，即取元素的默认值。

2. 其他边距 margin-bottom、margin-left、margin-right

底端边距用于设置元素下方的边距；左侧边距和右侧边距则分别用于设置元素左、右两侧的边距。其语法和使用方法与顶端边距类似。

3. 复合属性：边距—— margin

与其他属性类似，边距属性是用于对 4 个边距设置的略写。

语法格式如下：

margin：边距

取值范围：长度│百分比│auto

说明：margin 的值可以取 1 到 4 个值，如果只设置了 1 个值，则应用于 4 个边距；如果设置了两个或 3 个值，则省略的值与对边相等；如果设置了 4 个值，则按照上、右、下、左的顺序分别对应其边距。

4. 顶端填充 padding-top

顶端填充属性也称为上补白，即上边框和选择器内容之间的间隔值。

语法格式如下：

padding-top：间隔值

说明：间隔值可以设置为长度或百分比。其中，百分比不能使用负值。

5. 其他填充 padding-bottom、padding-left、padding-right

其他填充属性是指底端、左、右两侧的补白值，其语法和使用方法与顶端填充类似。

6. 复合属性：填充 padding

语法格式如下：

padding：间隔值

说明：间隔值可以设置为长度或百分比。其中，百分比不能使用负值。

示例如下：

img{
    margin：10px 20px；
    padding：5px 6px 7px 8px；
}

3.4.2 边框属性

边框属性控制元素所占用空间的边缘。例如，可将文本格式和定位属性应用到＜div＞元素，然后应用边框属性以创建元素周围的框。在边框属性中，可以设置边框宽度、边框样式、边框颜色等。而每一类都包含 5 个属性，例如边框宽度其实具体有上边框宽度 border-top-width、右边框宽度 border-right-width、下边框宽度 border-bottom-width、左边框宽度 border-left-width 以及宽度属性 border-width 等 5 个具体的属性。

1. 边框样式 border-style

边框样式属性用以定义边框的风格呈现样式，这个属性必须用于指定的边框。它可以对元素分别设置上边框样式(border-top-style)、下边框样式(border-bottom-style)左边框样式(border-left-style)和右边框样式(border-right-style)4个属性,也可以使用复合属性边框样式(border-style)对边框样式的设置进行略写。

border-style的值可以取1到4个,设置了1个值,应用于4个边距;设置了2个或3个值,省略的值与对边相等;设置了4个值,按照上、右、下、左的顺序。

样式值可以取的值共有9种,见表3-1。

表3-1　　　　　　　　　　边框样式取值含义

属性	列表
none	不显示边框,为默认属性值
dotted	点线
dashed	虚线
solid	实线
double	双实线
groove	边框带有立体感的沟槽
ridge	边框成脊形
inset	使整个方框凹陷,即在外框内嵌入一个立体边框
outset	使整个方框凸起,即在外框外嵌入一个立体边框

2. 边框宽度 border-width

边框宽度用于设置元素边框的宽度值,其语法和用法都与边框样式的设置类似。

取值范围:thin|medium|thick<长度>

说明:这几个属性的取值范围是相同的,其中,medium是默认宽度;thin为小于默认值宽度,为细边距;thick大于默认值,为粗边距;长度则是由数字和单位组成的长度,不可为负值。

3. 边框颜色 border-color

边框颜色属性用于定义边框的颜色,可以用颜色的关键字或RGB值来设置。可以对4个边框分别设置颜色,也可以使用复合属性border-color进行统一设置。

4. 边框属性 border

边框属性用来设置一个元素的边框宽度、样式和颜色。它所包含的5种属性(即上、右、下、左4个边框属性和一个总的边框属性)都是复合属性。

border:<边框宽度>|<边框样式>|<颜色>
border-top:<上边框宽度>|<上边框样式>|<颜色>
border-right:<右边框宽度>|<右边框样式>|<颜色>
border-bottom:<下边框宽度>|<下边框样式>|<颜色>
border-left:<左边框宽度>|<左边框样式>|<颜色>

说明:在这些复合属性中,边框属性border能同时设置4种边框,也只能给出一组边框的宽度与样式。而其他边框属性(如左边框border-left)只能给出某一个边框的属性,包括宽度、样式和颜色。

5. CSS3 圆角边框

在 CSS3 中,使用 border-radius 属性很容易创建圆角。效果如图 3-4 所示。

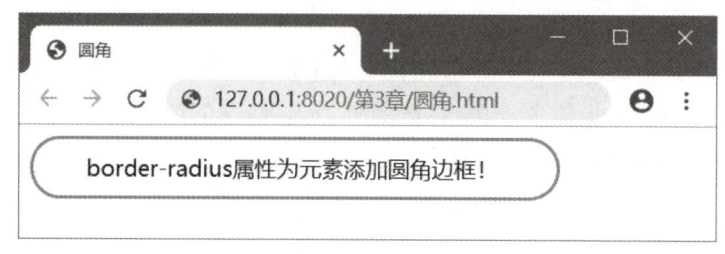

图 3-4　圆角效果图

代码如下:
布局:
<div>border-radius 属性为元素添加圆角边框！</div>
样式:

```
div{                    /*添加圆角元素样式*/
    border:2px solid #a1a1a1;
    padding:10px 40px;
    width:300px;
    border-radius:25px;/*圆角样式*/
}
```

3.5　列表属性

1. 列表符号 list-style-type

列表属性主要用于设置列表项的样式,包括符号、缩进等。

列表符号属性用于设定列表项的符号。

语法格式如下:

list-style-type:<值>

说明:可以设置多种符号作为列表项的符号,其具体取值范围见表 3-2。

表 3-2　列表符号的取值

符号的取值	含义
none	不显示任何项目符号或编码
disc	以实心圆形●作为项目符号
circle	以空心圆形○作为项目符号
square	以实心方块■作为项目符号
decimal	以普通阿拉伯数字 1、2、3……作为项目编号
lower-roman	以小写罗马数字 ⅰ、ⅱ、ⅲ……作为项目编号
upper-roman	以大写罗马数字 Ⅰ、Ⅱ、Ⅲ……作为项目编号
lower-alpha	以小写英文字母 a、b、c……作为项目编号
upper-alpha	以大写英文字母 A、B、C……作为项目编号

2. 图像符号 list-style-image

图像符号属性使用图像作为列表项目符号,以美化页面。

语法格式如下:

list-style-image:none|url(图像地址)

说明:none 表示不指定图像;url 则使用绝对或相对地址指定作为符号的图像。

示例:list-style:square url("img/icon.png");

3. 列表缩进 list-style-position

规定列表中列表项目标签的位置

语法格式如下:

list-style-position:outside|inside

说明:outside 表示列表项目标签放置在文本以外,且环绕文本不根据标签对齐;outside 是列表的默认属性,表示列表项目标签放置在文本以内,且环绕文本根据标签对齐。

4. 复合属性:列表 list-style

list-style 属性是设定列表样式的快捷的综合写法,可以同时设值列表样式类型属性(list-style-type)、列表样式位置属性(list-style-position)和列表样式图像属性(list-style-image)。

5. 列表属性综合实例

【例 3-3】 列表属性的应用,页面效果如图 3-5 所示。

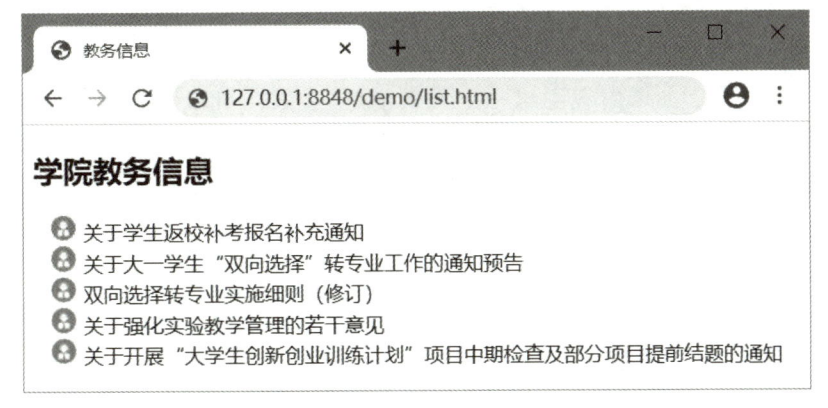

图 3-5 教务信息列表效果

CSS 样式定义代码如下:

```
li {
    list-style-image:url("img/icon.png");
}
a,a:visited {
    color:#000000;
    text-decoration:none;
}
```

HTML 代码如下:

```
<h2>学院教务信息</h2>
<ul>
<li><a href="#">关于学生返校补考报名补充通知</a></li>
```

```html
<li><a href="#">关于大一学生"双向选择"转专业工作的通知预告</a></li>
<li><a href="#">双向选择转专业实施细则(修订)</a></li>
<li><a href="#">关于强化实验教学管理的若干意见</a></li>
<li><a href="#">关于开展"大学生创新创业训练计划"项目中期检查及部分项目提前结题的通知</a></li>
</ul>
```

实例拓展(背景图像方式):可以通过设置列表项的背景来实现,HTML 布局不变,样式部分除了链接样式修改为如下:

```css
ul {
    padding: 0.6rem;
}
li {
    list-style-type: none;
    background: url("img/icon.png") no-repeat 0 center;
    padding-left: 1.6rem;
    line-height: 1.6rem;
}
```

列表栏固定宽度,超过的隐藏。

很多时候,栏目的宽度有限,当列表项的内容过长时要显示省略号,可以使用 overflow、white-space 和 text-overflow 属性来实现。

overflow 属性指定如果内容溢出一个元素的框,会发生什么。设置为 hidden,内容会被修剪,并且其余内容是不可见的。

white-space 设置为 nowrap 则表示强制在同一行内显示所有文本,直到文本结束或者遇到
对象。

text-overflow 属性值有 clip 和 ellipsis,属性值 clip 表示不显示省略标记"...",而是简单地裁切,所以 clip 这个值是不常用的。属性值 ellipsis 表示当对象内文本溢出时显示省略标记"..."。

列表项内容超出显示省略号效果如图 3-6 所示。

图 3-6 列表项内容超出显示省略号效果

HTML 布局不变,样式部分除了链接样式修改为如下:
```
ul{
    padding：0；
}
li {
    width：260px；
    white-space：nowrap；          /* 设置不换行 */
    overflow：hidden；             /* 设置隐藏 */
    text-overflow：ellipsis；      /* 设置隐藏部分为省略号 */
    list-style-type：none；
    line-height：2rem；
    background：url("img/icon.png") no-repeat 0 center；
    padding-left：1.6rem；
}
```

6. 拓展：显示日期

增加日期的显示,效果如图 3-7 所示。

图 3-7 带日期的列表项内容超出显示省略号效果

整体代码如下：
```
<!DOCTYPE html>
<html>
<head>
<meta charset="utf-8">
<title>教务信息</title>
<style type="text/css">
ul {
    padding：0；
    width：398px；
}
```

```css
li {
    width: 260px;
    white-space: nowrap;              /* 设置不换行 */
    overflow: hidden;                 /* 设置隐藏 */
    text-overflow: ellipsis;          /* 设置隐藏部分为省略号 */
    list-style-type: none;
    line-height: 2rem;
    background: url("img/icon.png") no-repeat 0 center;
    padding-left: 1.6rem;
}
span {
    float: right;
    line-height: 2rem;
    margin-top: -2rem;
}
h2 {
    background: url("img/new.png") no-repeat 0 center;
    text-indent: 3.6rem;
    line-height: 3.6rem;
}
a,a:visited {
    color: #000000;
    text-decoration: none;
}
</style>
</head>
<body>
<h2>学院教务信息</h2>
<ul>
<li><a href="#">关于学生返校补考报名补充通知</a></li><span>2020-01-23</span>
<li><a href="#">关于大一学生"双向选择"转专业工作的通知预告</a></li><span>2020-01-23</span>
<li><a href="#">双向选择转专业实施细则(修订)</a></li><span>2020-01-23</span>
<li><a href="#">关于强化实验教学管理的若干意见</a></li><span>2020-01-23</span>
<li><a href="#">关于开展"大学生创新创业训练计划"项目中期检查及部分项目提前结题的通知</a></li><span>2020-01-23</span>
</ul>
</body>
</html>
```

3.6 CSS 布局基础

3.6.1 CSS 布局元素类型

1. 块级元素

每个块级元素都从新的一行开始，并且其后的元素也另起一行；元素的高度、宽度、行高以及顶和底边距都可设置；元素宽度在不设置的情况下，是它本身父容器的 100%（和父元素的宽度一致），除非设定一个宽度。

块级元素一般是其他元素的容器元素，它可以容纳内联元素和其他元素。例如：段落、标题、列表、表格、div 等元素都是块级元素。

2. 行内元素

行内元素也称为内联元素。行内元素和其他元素都在一行上；元素的高度、宽度、行高及顶部和底部边距不可设置；元素的宽度就是它包含的文字或图像的宽度，不可改变。

如 a、em、span 元素等，它们不必在新行显示，也不要求其他元素的新行显示，可作为其他任何元素的子元素。给内联元素设置宽度和高度是没有效果的。

3. 行内块元素

行内块元素可以像 span 元素等显示在同一行，不同的是可以给行内块元素设置宽度、行高以及边距属性。

4. display 实现元素类型的转换

"display：block"将元素转换为块级元素。"display：inline"将元素装换为行级元素。"display：inline-block"将元素转换为行内块元素。当设置为"display：none"时，浏览器会完全隐藏这个元素，该元素不会被显示。

3.6.2 盒模型

盒模型（Box Model）是从 CSS 诞生之时便产生的一个概念，是关系到设计中排版定位的关键问题，任何一个块级元素都遵循盒模型。所谓盒模型，就是把每个 HTML 元素看作装了东西的盒子，盒子里面的内容到盒子的边框之间的距离即为填充（padding），盒子本身有边框（border），而盒子边框外和其他盒子之间还有边距（margin），如图 3-8 所示。

CSS 代码中的宽和高，指的是填充以内的内容范围。因此，可以得到以下结论：

一个元素的实际宽度＝左边距＋左边框＋左填充＋内容宽度＋右填充＋右边框＋右边距。

盒子模型

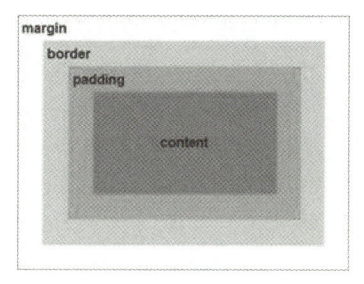

图 3-8 网页预览效果

3.6.3 定位及尺寸属性

定位属性控制网页所显示的整个元素的位置。定位属性主要通过相对定位和绝对定位两种方式定位。相对定位是指允许元素在相对于文档布局的原始位置上进行偏移,而绝对定位允许元素与原始的文档布局分离且任意定位。定位属性主要包括定位方式、层叠顺序等。

1. 定位方式 position

定位方式属性用于设定浏览器应如何来定位 HTML 元素。

语法格式如下:

position:static | absolute | fixed | relative

说明:static 表示无特殊定位,是默认取值,它会按照普通顺序生成,就如它们在 HTML 中的出现顺序一样;absolute 表示采用绝对定位,当使用 absolute(绝对)定位元素时,这条语句的作用将元素从文档流中拖出来,然后使用 left、right、top、bottom 属性相对于其最接近的一个具有定位属性的父包含块进行绝对定位。如果不存在这样的包含块,则相对于 body 元素,即相对于浏览器窗口,而其层叠通过 z-index 属性定义,此时对象不具有边距,但仍有填充和边框;fixed 表示当页面滚动时,元素保持固定不动;relative 表示采用相对定位,对象不可层叠,但将依据 left、top、right、bottom 等属性设置在页面中的偏移位置。

2. 元素位置 top、right、bottom、left

元素位置属性与定位方式共同设置元素的具体位置,语法如下:

top:auto|长度|百分比

right:auto|长度|百分比

bottom:auto|长度|百分比

left:auto|长度|百分比

说明:这 4 个属性分别表示对象与其最近一个定位的父对象顶部、右部、底部和左部的相对位置,其中,auto 表示采用默认值,长度则需要包含数字和单位,也可以使用百分数进行设置。

3. 层叠顺序 z-index

层叠顺序属性用于设定层的先后顺序和覆盖关系,z-index 值高的层覆盖 z-index 低的层。

语法格式如下:

z-index:auto|数字

说明:z-index 值高的层覆盖 z-index 值低的层。一般情况下,z-index 值为 1,表示该层位于最下层。

4. 浮动属性 float

浮动属性也称漂浮属性,浮动使元素脱离文档普通流,漂浮在普通流之上。浮动会产生块级框(相当于设置了 display:block),而不管该元素本身是什么,浮动元素依然按照其在普通流的位置上出现,然后尽可能地根据设置的浮动方向向左或者向右浮动,直到浮动元素的外边缘遇到包含框或者另一个浮动元素为止,且允许文本和内联元素环绕它。

语法格式如下:

float:left|right|none|inherit

说明:在该语法中,left 表示元素向左漂浮;right 表示元素向右漂浮;none 属于默认值,表示对象不浮动;inherit 则规定应该从父元素继承 float 属性的值。

5. 清除属性 clear

清除属性指定一个元素是否允许有其他元素漂浮在它的周围。

语法格式如下：

clear：none|left|right|both

说明：none 表示允许两边都可以有浮动对象；left 表示不允许左边有浮动对象；right 表示不允许右边有浮动对象；both 则表示完全不允许有浮动对象。

6. 可见属性 visibility

可见属性用于设定嵌套层的显示属性，此属性可以将嵌套层隐藏，但仍然为隐藏对象保留其占据的物理空间。如果希望对象为可视，其父对象也必须是可视。

语法格式如下：

visibility：inherit|visible|hidden

说明：在该语法中，inherit 表示继承上一个父对象的可见性，即如果父对象可见，则该对象也可见，反之则不可见；visible 表示对象是可见的；hidden 表示对象隐藏。

3.7 常用布局结构

3.7.1 单行单列结构

单行单列结构是所有网页布局的基础，也是最简单的布局形式。

1. 宽度固定

宽度固定主要是设置 div 对象的 width 属性，div 在默认状态下，宽度将占据整行的空间。由于设置了布局对象的宽度属性为"width：260px"，高度属性为"height：260px"，因此这是一种固定宽度的布局。

2. 宽度自适应

自适应布局能够根据浏览器窗口的大小，自动改变其宽度或高度，是一种非常灵活的布局形式。自适应布局网站对于不同分辨率的显示器都能提供比较好的显示效果。

单列宽度自适应布局只需要将宽度由固定值改为百分比值的形式即可。例如 width：260px，修改为 width：75％，大家可以浏览测试。

3. 单列居中

上述例子的特点是 div 位于左上方，宽度固定或自适应。在网页设计中经常见到的形式是网页整体居中。

【例 3-4】 单列居中，divtest1 的 CSS 代码如下：

```
#divtest1 {
    height：80px;              /* 设置 div 的宽度 */
    width：200px;              /* 设置 div 的高度 */
    background-color：#FFCC00; /* 设置 div 的背景颜色 */
    margin-top：0 auto;        /* 设置 div 的上、下边距 0px，左、右边距为自动 */
}
```

在 body 中插入 div 标签，代码如下：

<div id="divtest1">div 单列居中</div>

预览效果如图 3-9 所示。

图 3-9 单列居中的效果预览

3.7.2 二列布局结构

1. 二列自适应宽度

对于二列式布局方式,将宽度值设定成百分比即可实现自适应二列式布局。在实际使用中,如果要达到满屏效果,简单的办法就是避免使用边框和边距属性。

【例 3-5】 二列自适应宽度满屏效果,div 元素的 CSS 代码如下:

```
#divleft {                    /*不设置外边距属性*/
    float:left;
    width:30%;
    height:150px;
    background-color:#F2FAD1;
}
#divright {
    float:right;
    width:70%;
    height:150px;
    background-color:#FFFF00;
}
```

使用上述代码后,即可实现二列自适应且左右与浏览器填满的效果,如图 3-10 所示。

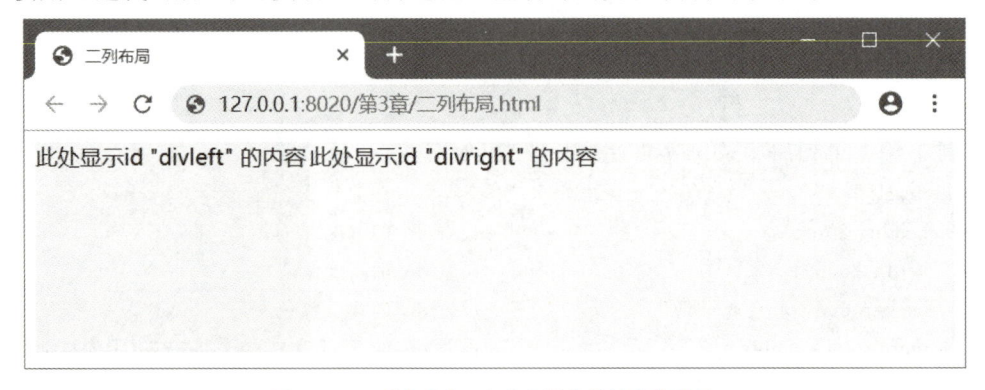

图 3-10 二列自适应且左右与浏览器填满的效果

利用 CSS 定位属性也可以实现二列的自适应布局,CSS 代码如下:

```
#divleft {
    float:left;
    width:20%;
    height:150px;
    background-color:#F2FAD1;
    position:relative;
}
#divright {
    margin-left:22%;            /*删除其浮动属性,设置了左边距为22%*/
    height:150px;
    background-color:#FFFF00;
}
```

#divleft 对象的宽度为20%,只需要把#divright 对象的左边距宽度设置为大于或等于20%就可以了。上述代码中"margin-left:22%"正是设置#divright 的左边距为22%,二列自适应宽度布局的实际预览效果如图 3-11 所示。

图 3-11 二列自适应宽度布局的实际预览效果

2. 左列固定、右列宽度自适应

在实际使用时,有时需要左栏固定,右栏根据浏览窗口的大小自动适应。实现的方法很简单,只需要将左侧宽度设置为固定值,右栏不设置任何宽度值,并且右栏不浮动。

【例 3-6】 左列固定、右列宽度自适应,div 元素的 CSS 代码如下:

```
#divleft {
    float:left;
    width:200px;
    height:150px;
    background-color:#F2FAD1;
    position:relative;
}
#divright {
    margin-left:210px;
    height:150px;
    background-color:#FFFF00;
}
```

使用上述代码后,左栏宽度固定在 200px,而右栏将根据浏览器窗口的大小自动适应,只需要把♯divright 对象的左边距宽度设置为大于或等于 200px 就可以了。上述代码中"margin-left:210px"正是设置♯divright 的左边距为 210px,左列固定、右列宽度自适应,效果如图 3-12 所示。

图 3-12 左列固定、右列宽度自适应的预览效果

3.8 CSS3 常用特效

3.8.1 CSS3 盒阴影

CSS3 中的 box-shadow 属性被用来添加盒阴影,box-shadow 属性值及说明见表 3-3。语法格式如下:

box-shadow: h-shadow v-shadow blur spread color inset;

表 3-3　　　　　　　　　　box-shadow 属性值及说明

属性值	说明
h-shadow	必需的。水平阴影的位置。允许负值
v-shadow	必需的。垂直阴影的位置。允许负值
blur	可选。阴影模糊值。不允许负值
spread	可选。阴影外延值。可以为负值
color	可选。阴影的颜色
inset	可选。设置对象的阴影类型为内阴影。该值为空时,则对象的阴影类型为外阴影

【例 3-7】 天鹅图像的盒阴影运行效果如图 3-13 所示。

图 3-13 天鹅图像的盒阴影效果

代码如下：
```
<!DOCTYPE html>
<html>
    <head>
        <meta charset="utf-8">
        <title> box-shadow </title>
        <style>
            .shadow{
                margin：30px；
                border：10px solid #fff；
                box-shadow：0 0 30px 0 #1E90FF；
            }
        </style>
    </head>
    <body>
        <img src="img/fj.jpg" class="shadow"/>
    </body>
</html>
```

【例 3-8】常用的盒阴影效果如图 3-14 所示。

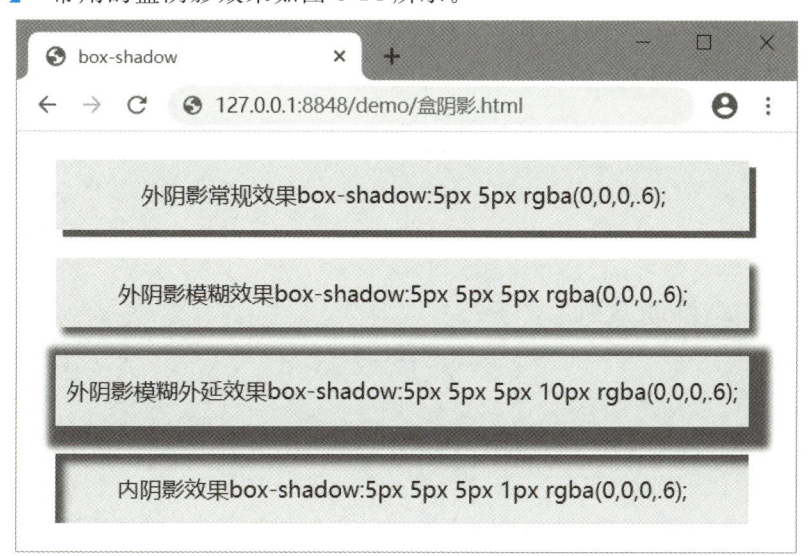

图 3-14　常用的盒阴影效果

代码如下：
```
<!DOCTYPE html>
<html>
<head>
<meta charset="utf-8">
<title> box-shadow </title>
<style>
div {
```

```
        width:500px;
        height:50px;
        margin:20px;
        background-color:#E9ECEF;
        line-height:50px;
        text-align:center;
}
div:first-child { box-shadow:5px 5px rgba(0,0,0,.6); }
div:nth-child(2) { box-shadow:5px 5px 5px rgba(0,0,0,.6); }
div:nth-child(3) { box-shadow:5px 5px 5px 10px rgba(0,0,0,.6); }
div:nth-child(4) { box-shadow:5px 5px 5px 1px rgba(0,0,0,.6) inset; }
</style>
</head>
<body>
<div>外阴影常规效果 box-shadow:5px 5px rgba(0,0,0,.6);</div>
<div>外阴影模糊效果 box-shadow:5px 5px 5px rgba(0,0,0,.6);</div>
<div>外阴影模糊外延效果 box-shadow:5px 5px 5px 10px rgba(0,0,0,.6);</div>
<div>内阴影效果 box-shadow:5px 5px 5px 1px rgba(0,0,0,.6);</div>
</body>
</html>
```

3.8.2　CSS3 文字阴影

text-shadow 的使用实现文字阴影，文字阴影和盒阴影参数类似。即：水平阴影，垂直阴影，模糊的距离，以及阴影的颜色。前两项参数是必须写的，后两项参数可以选写。

语法格式如下：

text-shadow:水平位置 垂直位置 模糊距离 阴影颜色；

text-shadow 属性值及说明见表 3-4。

表 3-4　　　　　　text-shadow 属性值及说明

属性值	说明
h-shadow	必需的。水平阴影的位置。允许负值
v-shadow	必需的。垂直阴影的位置。允许负值
blur	可选。阴影模糊值。不允许负值
color	可选。阴影的颜色

【例 3-9】 文字阴影效果如图 3-15 所示。

我是带有影子的!

图 3-15　文字阴影效果图

代码如下：

样式：

h1{

```
text-shadow:3px 4px 5px rgba(0,0,0,.5);
}
```
布局:
<h1>我是带有影子的!</h1>

3.8.3 CSS3渐变背景

CSS3渐变(gradients)可以让你在两个或多个指定的颜色之间显示平稳地过渡。通过使用CSS3渐变(gradients),可以减少下载的时间和宽带的使用。此外,渐变效果的元素在放大时看起来效果更好,因为渐变(gradient)是由浏览器生成的。

CSS3定义了两种类型的渐变(gradients):

线性渐变(Linear Gradients):向下/向上/向左/向右/对角方向。

径向渐变(Radial Gradients):由它们的中心定义。

1. CSS3线性渐变

为了创建一个线性渐变,至少定义两种颜色结点。颜色结点即想要呈现平稳过渡的颜色。同时也可以设置一个起点和一个方向(或一个角度)。

语法格式如下:

background-image:linear-gradient(direction,color-stop1,color-stop2,...);

0deg将创建一个从下到上的渐变,90deg将创建一个从左到右的渐变。图3-16为线性渐变角度示意图。

background-image:linear-gradient(-90deg,red,yellow);

带有多个颜色结点的从上到下的线性渐变代码如下:

background-image:linear-gradient(red,yellow,green);

如果想要在渐变的方向上做更多的控制,可以定义一个角度,而不用预定义方向(to bottom、to top、to right、to left、to bottom right,等等)。如to top right这样的值,这会产生一个朝向右上角的对角线渐变。

创建一个带有彩虹颜色的线性渐变代码如下:

background-image:linear-gradient(to right,red,orange,yellow,green,blue,indigo,violet);

图3-16 线性渐变角度示意图

【例3-10】 线性渐变:从左边开始的线性渐变,起点是红色,慢慢过渡到黄色,运行效果如图3-17所示。

图3-17 线性渐变效果图

代码如下：

```
<!DOCTYPE html>
<html>
<head>
<meta charset="utf-8">
<title>CSS3</title>
<style>
#grad {
    height: 100px;
    background-color: red;           /* 不支持线性的时候显示 */
    background-image: linear-gradient(to right, red, yellow);
}
</style>
</head>
<body>
<div id="grad"></div>
</body>
</html>
```

注意：线性渐变默认从上到下，若将代码中 background-image：linear-gradient(to right, red, yellow);改为：background-image：linear-gradient(red, yellow);，效果变为从顶部开始的线性渐变。

若改为：background-image：linear-gradient(to bottom right, red, yellow);，效果变为从左上角开始(到右下角)的线性渐变。

CSS3 渐变也支持透明度(transparent)，可用于创建减弱变淡的效果。

为了添加透明度，我们使用 rgba()函数来定义颜色结点。rgba()函数中的最后一个参数可以是从 0 到 1 的值，它定义了颜色的透明度：0 表示完全透明，1 表示完全不透明。

从左到右的线性渐变，起点是完全透明，慢慢过渡到完全不透明的红色，代码如下：

`#grad { background-image：linear-gradient(to right,rgba(255,0,0,0), rgba(255,0,0,1)); }`

repeating-linear-gradient()函数用于重复线性渐变，示例如下：

`background-image：repeating-linear-gradient(red, yellow 10%, green 20%);`

2. CSS3 径向渐变

径向渐变是从一个中心点开始，依据椭圆形或圆形进行扩张渐变。

渐变形状要么是 circle(圆形，渐变会均匀地向各个方向辐射)，要么是 ellipse(椭圆形，在不同的方向辐射量不同)。而渐变形状的大小则有很大的灵活性，大小值可以是下列任何一种：closest-side、closest-corner、farthest-side、cover、contain。

背景渐变唯一美中不足的是它不像其他一些 CSS3 特性那样被广泛支持。比如 IE9 就没有对它的原生支持。其他大多数浏览器都支持背景渐变，不过都是私有前缀方式。不过这并不足以阻止使用该特性来增强设计效果，因为有很多浏览器现在已经支持该特性，而剩下的浏览器在不久的将来也会支持。作为老版本浏览器的降级方案，最好先定义一个固定背景颜色，这样老版本浏览器在无法识别渐变规则的时候，至少会渲染出一个实色的背景。

3.9 弹性布局

Flex 是 Flexible Box 的缩写,意思为"弹性布局",本质上就是 Box-model 的延伸,Box-model 定义了一个元素的盒模型,而 Flexbox 更进一步地规范了这些盒模型之间相对关系。在使用过程中简单、易用、代码较少,在制作网页的时候经常使用这种方法来进行布局。CSS3 弹性盒是一种当页面需要适应不同的屏幕大小以及设备类型时确保元素拥有恰当的行为的布局方式。引入弹性盒布局模型的目的是提供一种更加有效的方式来对一个容器中的子元素进行排列、对齐和分配空白空间。

在使用的过程中任何一个容器都可以指定为 Flex 布局,使用方式:display:flex,行内元素也可以使用 Flex 布局 display:inline-flex。当我们将容器设置为 Flex 布局以后,容器当中的子元素的 float、clear、virtical-align 等属性会失效。

采用 Flex 布局的元素,称为 Flex 容器,它的所有子元素自动成为容器成员,称为 Flex 项目。弹性容器外及弹性子元素内是正常渲染的。弹性盒子只定义了弹性子元素如何在弹性容器内布局。弹性子元素通常在弹性盒子内一行显示。默认情况每个容器只有一行。

Flex 容器的常用属性:flex-direction、justify-content、align-content、align-items、flex-wrap、flex-flow。布局的时候使用这些属性可以减少我们的代码量。

flex-direction 属性决定主轴的方向,即容器中项目排列的方向,一般默认的方向是横排列。flex-direction 有四个值,分别为 row:主轴水平方向,起点在左端;row-reverse:起点在右端;column:主轴为垂直方向,起点在上沿;column-reverse:起点在下沿。

justify-content:flex-start|flex-end|center|space-between|space-around,这几个值的意思分别为左对齐,右对齐,居中,平均分布,两边有间隔的平均分布。默认值为左对齐。

【例 3-11】 Flex 布局运行效果如图 3-18 所示。

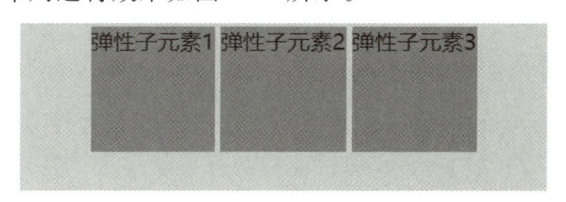

图 3-18 弹性项目居中紧挨着填充的效果

代码如下:
```
<!DOCTYPE html>
<html>
<head>
<meta charset="utf-8">
<title>flex</title>
<style>
.flex-container{
    display:flex;
    justify-content:center;
```

```
        width:380px;
        height:120px;
        background-color:lightgrey;
}
.flex-item {
        background-color:cornflowerblue;
        width:100px;
        height:100px;
        margin:1px;
}
</style>
</head>
<body>
<div class="flex-container">
    <div class="flex-item">弹性子元素 1</div>
    <div class="flex-item">弹性子元素 2</div>
    <div class="flex-item">弹性子元素 3</div>
</div>
</body>
</html>
```

将样式中的第 3、4 行代码改为:justify-content:space-around;,效果如图 3-19 所示,弹性项目平均分布在该行上,两边留有一半的间隔空间。

图 3-19 两边有间隔的弹性项目平均分布的效果

若将此属性值改为 space-between,效果如图 3-20 所示,弹性项目平均分布在该行上。若改为 flex-start,效果如图 3-21 所示,弹性项目向行头紧挨着填充,这个是默认值。若改为 flex-end,效果与图 3-21 相反,弹性项目向行尾紧挨着填充。

图 3-20 弹性项目平均分布效果

align-content 属性设置各个行的对齐。Stretch,默认值,各行将会伸展以占用剩余的空间;flex-start,各行向弹性盒容器的起始位置堆叠;flex-end,各行向弹性盒容器的结束位置堆叠;center,各行向弹性盒容器的中间位置堆叠;space-between,各行在弹性盒容器中平均分布。

图 3-21　弹性项目向行头紧挨着填充的效果

space-around，各行在弹性盒容器中平均分布，两端保留子元素与子元素之间间距大小的一半。

align-items 属性有五个值，flex-start：交叉轴的起点对齐，flex-end：终点对齐，center：中点对齐，baseline：项目的第一行文字基线对齐，stretch：当项目未设置高度的时候，占满容器的高度。

flex-wrap 属性，项目的默认值（nowrap）都在一条线上，wrap 换行，第一行在上方，wrap-reverse 换行，第一行在下方。默认值（row nowrap）为横向排列不换行。

3.10　兼容性处理

W3C（World Wide Web Consortium）万维网联盟创建于 1994 年，是 Web 技术领域最具权威和影响力的国际中立性技术标准机构。W3C 制定标准，要走很复杂的程序，审查等。而浏览器商市场推广时间紧，如果一个样式属性已经够成熟了，就会在浏览器中加入支持。为避免日后 W3C 公布标准时有所变更，加入一个私有前缀，比如-webkit-border-radius，通过这种方式来提前支持新属性。

一般兼容性处理的常见方法是为属性添加私有前缀，私有前缀是为了兼容不完全支持 CSS3 的浏览器版本。比较新版本的浏览器都支持直接书写属性。

-moz 代表 Firefox 浏览器私有前缀，-ms 代表 IE 浏览器私有前缀，-webkit 代表 Safari、Chrome 私有前缀，-o-代表 Opera 私有前缀。

常用的 box-shadow、border-radius、background-image（包括多背景、渐变背景时）、background-size、background-origin、background-clip、text-shadow、display、justify-content 等样式属性，以及任务 8 涉及的 transform、transition、animation、@keyframes 等在需要兼容低版本时要添加私有前缀。

将没有前缀的标准版本放在最后面，这样当浏览器完全实现了标准之后，这句代码就会覆盖之前带前缀的版本。

【例 3-12】 以 border-radius 为例，实现兼容低版本的写法，代码如下：

```
<！DOCTYPE html>
<html>
<head>
<meta charset="utf-8">
<title>兼容性处理</title>
<style>
```

```
.box {                              /*样式类为box的div变成半径为50px的圆*/
    width：100px；
    height：100px；
    background-color：#90EE90；
    /*加上私有前缀*/
    -webkit-border-radius：50px；    /*-webkit- Safari、Chrome*/
    -moz-border-radius：50px；       /*-moz- Firefox*/
    -ms-border-radius：50px；        /*-ms- IE*/
    -o-border-radius：50px；         /*-o- Opera*/
    border-radius：50px；            /*标准*/
}
</style>
</head>
<body>
<div class="box"></div>
</body>
<html>
```

在学习开发当中不需要考虑兼容性,如果是要发布开发的PC端页面最好是加上私有前缀,尤其客户对象是年纪较大的用户,要考虑到他们的系统及浏览器更新很慢。如果在移动端开发,只需要考虑兼容webkit等浏览器。

任务实施

1. 任务分析
菜单采用弹性布局,并添加阴影,圆角边框等美化效果如图3-1所示。

2. 菜单的制作
新建样式表文件menu.css,新建HTML文件default.html,其中HTML文件程序代码如下:

```
<!DOCTYPE html>
<html>
<head>
<meta charset="utf-8">
<title>menu</title>
<linkrel="stylesheet" href="css/menu.css"/>
</head>
<body>
<ul class="nav">
    <li><a href="#/">网站首页</a></li>
    <li><a href="#/">思政要闻</a></li>
    <li><a href="#/">思政教学</a></li>
    <li><a href="#/">理论学习</a></li>
    <li><a href="#/">团青在线</a></li>
```

```html
        <li><a href="#/">法制园地</a></li>
        <li><a href="#/">实践活动</a></li>
    </ul>
</body>
</html>
```

3. 样式文件

引入的 menu.css 内容如下：

```css
.nav {
    border-radius: 10em;                              /* 圆角样式 */
    display: flex;                                    /* 弹性布局 */
    list-style: none;
    background: red;
    box-shadow: 20px 40px 50px #00000044;             /* 阴影样式 */
    padding: 10px;
}
.nav li {
    margin: 0px;
    border-radius: 10em;                              /* 列表项圆角样式 */
}
.nav li a {
    padding: 0.6em 2em;
    font-size: 18px;
    color: white;
    font-weight: 700;
    letter-spacing: 1px;
    display: inline-block;                            /* 设置为行内块元素 */
    text-decoration: none;
}
body {
    display: flex;                                    /* 弹性布局 */
    justify-content: center;                          /* 弹性子元素居中显示 */
    font-family: Montserrat, sans-serif;
    line-height: 1.5;
    background-color: #8ab9ff;
}
li:hover{
    background-color:yellow;
}
li a:hover {
    color: red;
}
```

同步练习

一、理论测试

1. 下列哪个 CSS 属性可以更改字体大小？（   ）
   A. text-size   B. font-size   C. text-style   D. font-style

2. 在 CSS 语言中下列哪一项是"左边框"的语法？（   ）
   A. border-left-width：<值>   B. border-top-width：<值>
   C. border-left：<值>   D. border-top：<值>

3. 如果要在不同的网页中应用相同的样式表定义，应该(   )。
   A. 直接在 HTML 的元素中定义样式表
   B. 在 HTML 的<head>标签中定义样式表
   C. 通过一个外联样式表文件定义样式表
   D. 以上都可以

4. 样式表定义 #title {color:red} 表示(   )。
   A. 网页中的标题是红色的
   B. 网页中某一个 id 为 title 的元素中的内容是红色的
   C. 网页中元素名为 title 的内容是红色的
   D. 以上任意一个都可以

5. 下列哪段代码能够定义所有 p 标签内文字加粗？（   ）
   A. <p style="text-size:bold">   B. <p style="font-size:bold">
   C. p {text-size:bold}   D. p {font-weight:bold}

6. 在 CSS 语言中下列哪一项是"列表样式图像"的语法？（   ）
   A. width：<值>   B. height：<值>
   C. white-space：<值>   D. list-style-image：<值>

7. 下列哪一项是 CSS 正确的语法构成？（   ）
   A. body:color=black   B. {body;color:black}
   C. body {color：black；}   D. {body:color=black(body)}

8. 下面哪个 CSS 属性是用来更改背景颜色的？（   ）
   A. background-color：   B. bgcolor：
   C. color：   D. text

9. 怎样给所有的<h1>标签添加背景颜色？（   ）
   A. .h1 {background-color:#FFFFFF}
   B. h1 {background-color:#FFFFFF;}
   C. h1. all {background-color:#FFFFFF}
   D. #h1 {background-color:#FFFFFF}

10. 下列哪个 CSS 属性可以更改样式表的字体颜色？（   ）
    A. text-color=   B. fgcolor：   C. text-color：   D. color：

11. 设置一个 div 元素的外边距为上:20px,下:30px,左:40px,右:50px,下列书写正确的是(   )。

A. padding：20px 30px 40px 50px；

B. padding：20px 50px 30px 40px；

C. margin：20px 30px 40px 50px

D. margin：20px 50px 30px 40px

12. 下列（　　）表示 a 元素中的内容没有下划线。

A. a {text-decoration：no underline}

B. a {underline：none}

C. a {text-decoration：none}

D. a {decoration：no underline}

13. 下列（　　）表示左边距。

A. margin-left　　　B. margin　　　　C. indent　　　　D. text-indent

14. 下列关于块级元素说法正确的是（　　）。

A. 块级元素和其他元素在一行显示

B. 块级元素对宽、高和边距都生效

C. 块级元素对宽和高生效，边距不生效

D. 块级元素对宽、高和边距都不生效

15. 以下哪项属于盒子阴影属性的属性值？（　　）

A. 水平阴影　　　　B. 垂直阴影　　　　C. 模糊阴影　　　　D. 阴影颜色

16. 实现一个CSS3 线性渐变效果，渐变的方向是从右上角到左下角，起点颜色是从白色到黑色，以下写法正确的是（　　）。

A. background：linear-gradient(225deg，rgba(0,0,0,1)，rgba(255,255,255,1))；

B. background：linear-gradient(－135deg，hsla(120,100％,0％,1)，hsla(240,100％,100％,1))；

C. background：linear-gradient(to top left，white，black)；

D. background：linear-grad；

二、实训内容

1. 实现如图 3-22 所示专题列表效果。

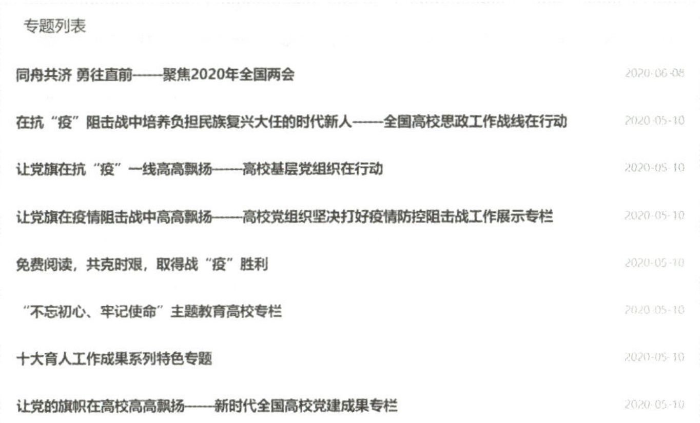

图 3-22　专题列表效果

2.尝试布局如图 3-23 所示的登录页面效果。

图 3-23　登录页面效果

3.实现类似图 3-24 所示布局效果的页面。

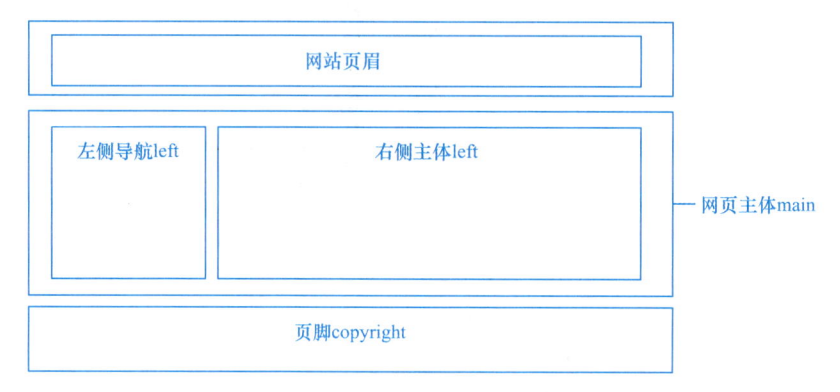

图 3-24　网站 div 结构布局示意图

4.实现如图 3-25 所示的简洁立体菜单效果。

图 3-25　公司网站菜单效果图

任务 4

实现猜拳游戏功能

学习目标

- 能够运用 JavaScript 输出语句实现信息的展示。能够给程序添加注释。
- 掌握 JavaScript 的数据类型。能使用 typeof 来判断数据类型。
- 理解 JavaScript 的数据类型的自动转换。能使用 parseInt( )、parseFloat( )实现 JavaScript 数据类型的强制转换。
- 掌握 JavaScript 运算符与表达式。
- 掌握变量的声明和赋值。能够定义和调用函数,能够实现函数的参数传送,能够使用函数的返回值。理解变量的作用域。
- 能够运用流程控制语句。
- 了解处理日期和时间的存储、转化和表达的 Date 对象。
- 掌握 Date 对象常用方法和属性的访问。能够使用 Date 对象实现日期的各种形式展示。
- 了解处理数学运算的 Math 对象。掌握 Math 对象常用方法和属性的访问。
- 能够使用 Math 对象实现数学运算。
- 掌握 DOM 元素的常用属性和方法。能够实现元素的获取。
- 掌握 DOM 事件的处理。能够实现元素事件的绑定。
- 掌握 DOM 元素的样式动态设置。能够动态改变元素的样式。

任务描述

本任务是编写一个 JavaScript 程序,实现猜拳游戏,游戏开始前每个用户有初始金币数为 10。用户单击单选手势按钮组中的其中一个,选择出拳的手势,如果双方手势是一样的,界面如图 4-1 所示;如果赢得本轮,获得 10 个金币,有恭喜用户的提示,如图 4-2 所示;若输了本轮,就损失 10 个金币,提示用户剩余的金币数,如图 4-3 所示;若金币使用完,提示出局,如图 4-4 所示。

图 4-1　双方平局时的提示界面

图 4-2　猜赢时恭喜用户界面

图 4-3　猜输时提示剩余金币数的界面

图 4-4　金币不足时提示界面

知识点涉及：数学对象的应用实现随机整数的显示，元素的访问控制信息的动态输出，单选框组值的获取得到用户的选择，分支结构的使用实现根据条件的判断增减金币的数量。

知识准备

4.1　JavaScript 简述

JavaScript 是一种广泛应用于 Web 页面中的一种脚本编程语言，也是一种通用的、跨平台的、基于对象和事件驱动并具有安全性的脚本语言。它不需要进行编译，而是直接嵌入HTML 页面中，把静态页面转变成支持用户交互并响应事件的动态页面。

JavaScript 语言可以让网页元素具备动态效果,让体验更加流畅。这在目前流行的 B/S 架构体系下,是很重要的事情。这也是为什么前端工程师大行其道,被广泛需求的根本原因。

JavaScript 的功能十分强大,可实现多种任务。JavaScript 可用来在数据被送往服务器前对表单输入的数据进行验证,对浏览器事件做出响应,读写 HTML 元素,动态改变元素样式等,实现如执行计算、检查表单、编写游戏、添加特殊效果等,所有这些功能都有助于增强站点的动态效果和交互性。

4.1.1 常用的引入 JavaScript 的方式

1. 通过＜script＞标签嵌入 HTML 页面来引入 JavaScript

使用＜script＞标签在 html 网页中插入 JavaScript 代码。＜script＞标签是要成对出现的,并把 JavaScript 代码写在＜script＞＜/script＞标签对之间。这对标签告诉浏览器里面的文本是属于 JavaScript 语言的。示例如下:

方式 1:＜script type="text/javascript"＞ alert("注意");＜/script＞

方式 2:＜script＞ alert("注意");＜/script＞

两种方式效果是一样的,因为浏览器默认＜script＞内容为 JavaScript。

2. 通过＜script＞标签的 src 属性链接外部的 JavaScript 文件

单独创建一个 JavaScript 文件(简称 js 文件),其文件后缀通常为.js,然后将 JavaScript 代码直接写在 JavaScript 文件中。在 JavaScript 文件中,不需要＜script＞标签,直接编写 JavaScript 代码就可以了。

JavaScript 文件不能直接运行,需嵌入 HTML 文件中执行,我们需要在 html 中添加如下代码就可以将 js 文件嵌入 HTML 文件中了。链接 JavaScript 文件名称为"xxx.js"的示例如下:

＜script src="xxx.js"＞＜/script＞

通过链接外部 JavaScript 文件,可以轻易实现多个页面共用同一功能的 JavaScript 文件,以便通过更新一个 JavaScript 文件内容达到批量更新的目的;浏览器可以实现对目标 JavaScript 文件的高速缓存,避免额外的由于引用同样功能的 JavaScript 代码而导致下载时间的增加。

注意:一般来讲,将实现通用功能的 JavaScript 代码作为外部 JavaScript 文件引用,而实现特有功能的 JavaScript 代码则直接嵌入 HTML 文档中,目前业界推荐的做法是 JavaScript 代码放到最后,这样会避免因 DOM 没加载而产生的错误。HTML 和 JavaScript 位于不同的文件中,会使文档更清晰,更容易管理,尤其在代码量多的时候。

4.1.2 JavaScript 输出语句

JavaScript 与用户交流的方式有多种,以多样的方式显示数据,实现页面的交互性。JavaScript 常用的与用户交流的方式如下:

1. 使用 window.alert() 弹出警告框,向用户发出警告或提醒

alert()方法会创建一个警告框。参数可以是变量、字符串或表达式,警告框无返回值。window 可以省略。当要停止后续程序运行并提醒用户时,可以使用它。示例代码如下:

```
<script>
alert("第一个段落");            //参数是字符串
var age=19;                    //var 关键字用来定义变量,无论变量是什么类型都用 var
alert("我的年龄是:"+age);      //参数是变量
window.alert(5 + 6);           //参数是表达式
</script>
```

2. 使用 document.write() 方法将内容直接写入文档中

使用 document.write() 方法可以向文档写入内容。参数可以是变量、字符串或表达式,写入的内容常常包括 HTML 标签,浏览器可以解析这些标签。而本节介绍的其他方法如 alert()、console.log() 等方法的参数,若使用标签只会当作字符串处理,不会解析。这是一种简单而容易掌握的页面操作方式,仅仅作为入门,在综合案例中很少使用。document.write() 方法应用的示例如下:

```
<script>
var age=19;
document.write("<h1>个人信息</h1>","我的年龄是:",age);  //参数是变量,这里的","相当于"+"
document.write("<h1>个人信息</h1>");
</script>
```

3. 使用 console.log() 写入控制台

将消息写入控制台日志,可使用函数 console.log(),示例如下:

```
<script>
console.log(8 + 9);
</script>
```

在 HBuilder 默认控制台里可以显示结果,在 Chrome 浏览器调试窗口中单击"console"选项卡可以看到输出结果。

4. 确认用户的选择:window.confirm()

window.confirm("str") 等效于 confirm("str"),确认消息对话框返回值为布尔型,单击"确定"返回 true,单击"取消"返回 false。可以根据用户对提示的反应给出相应的回复,示例如下:

```
<script>
if(confirm("确定开始吗?")) {
    alert("您单击了确定");
}
else {
    alert("您单击了取消");
}
</script>
```

5. 提示用户:prompt() 方法

prompt() 方法用于显示可提示用户进行输入的对话框(包含一个确定按钮,取消按钮与一个文本输入框)。该方法可返回用户输入的字符串。

语法格式如下:

prompt(msg,defaultText)

prompt()方法

参数 msg 可选，是指要在对话框中显示的纯文本（而不是 HTML 格式的文本），用于提示。参数 defaultText 可选，是指默认的输入文本。

单击"确定"按钮，文本框中的内容将作为函数返回值，单击"取消"按钮，将返回 null。示例如下：

```
<script>
var myname＝prompt("请输出您的姓名:")
if(myname！＝null){
    alert("您好"＋myname);
} else {
    alert("您好啊 朋友");
}
</script>
```

4.1.3 调试 JavaScript 程序

本书案例使用 HBuilder X 进行开发，并采用 Chrome 浏览器作为展示和调试工具，如果 JavaScript 代码出现错误，通过 Chrome 浏览器找出错误的类型和位置，用该编辑器打开源文件修改后保存，并重新使用浏览器浏览，重复此过程直到没有错误出现为止。程序出错的类型分为语法错误和逻辑错误两种。

1. 语法错误

在程序开发中使用不符合某种语言规则的语句而产生的错误被称为语法错误。当错误地使用了 JavaScript 的关键字，错误地定义了变量名称等时，浏览器运行 JavaScript 程序时就会报错。

例如将代码"document.write("欢迎来到 JavaScript 世界");"中的英文分号误写成中文分号。使用 Chrome 浏览器查看错误代码提示信息，需要在浏览器中右击打开菜单，选择"检查"命令，打开开发者工具调试窗口。单击右上角红色的小叉号就可以看到错误提示信息，单击错误提示信息，对应行就会出现高亮状态，如图 4-5 所示。

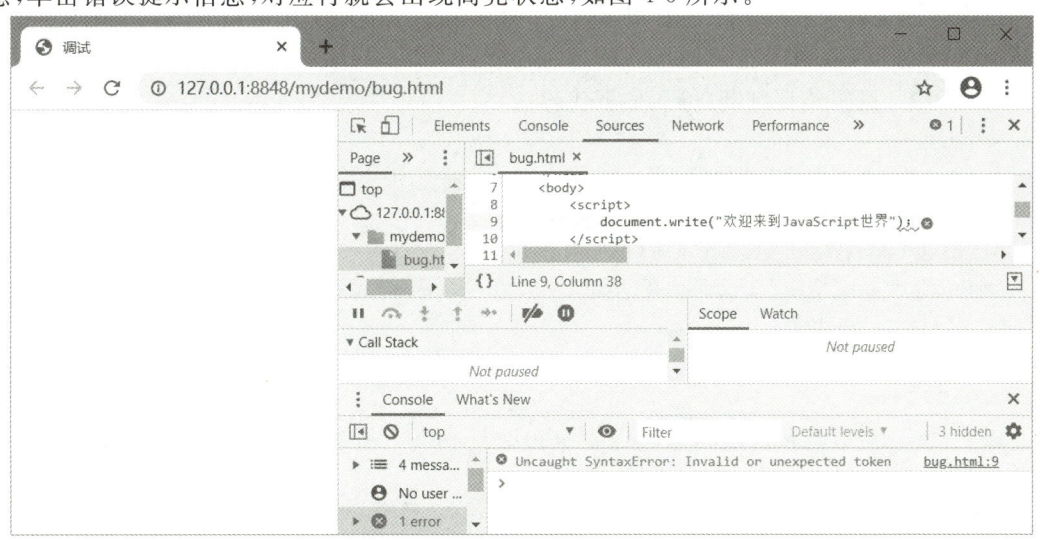

图 4-5　在 Chrome 浏览器中调试 JavaScript

JavaScript 是区分大小写的,如果将代码"prompt("请输入你的年龄",20);"中的第一个字符由小写误输成大写字母,即:"Prompt("请输入你的年龄",20);"保存文件后,运行本程序,在外置 Chrome 浏览器中调试 JavaScript(prompt 方法)出现如图 4-6 所示的错误提示。

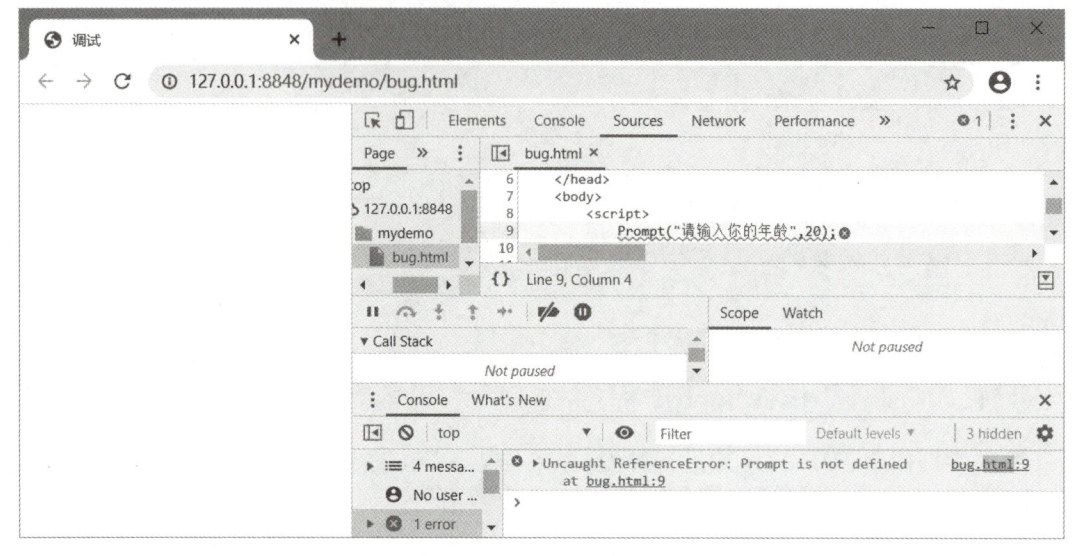

图 4-6　在外置 Chrome 浏览器中调试 JavaScript(prompt 方法)

2. 逻辑错误

有时候,程序不存在语法错误,也没有执行非法操作的语句,可是程序运行时的结果却是不正确的,这种错误叫作逻辑错误。逻辑错误对于编辑器来讲并不算错误,但是由于代码中存在逻辑问题,导致运行时没有得到预期结果。逻辑错误在语法上是不存在错误的,但是程序的功能上是个 Bug,而且是最难调试和发现的 Bug。因为它们不会抛出任何的错误信息,唯一结果就是程序功能不能实现。

比如你想判断一个人的名字是不是叫"Bill",但编写程序时却少写了一个 l,变成了"Bil",在运行时就会发生逻辑错误。

更隐蔽的逻辑错误的例子还有很多,比如变量由于忘记初始化而包含垃圾数据、忘记判断结束条件或结束条件不正确使得循环提前或延后结束,甚至成为死循环,等等。

【例 4-1】　逻辑错误判断,输入如下代码:

```
<script>
document.write("求长方形的周长");
var width,height,C;
width=prompt("请输入长方形的宽(单位米)",10);
height=prompt("请输入长方形的高(单位米)",20);
C=2(width+height);
alert("长方形的周长为"+C);
</script>
```

以上代码中,最直接的逻辑错误是 2(width+height),在编程过程中乘号不可忽略。所以代码为:

C=2*(width+height);

测试代码,默认宽为 10 米,高为 20 米,得到的结果如图 4-7 所示。

图 4-7　测试结果

虽然用户输入的是数字 10 和 20，但 prompt()返回的是字符串类型，也就是"10"和"20"，所以语句：C＝2＊(width＋height)中变量 width 和 height 都是字符串类型，字符串类型的值相加是首尾相连，上述语句相当于：c＝2＊("10"＋"20")，所以出现了"2040"的结果。所以输入的参数需要通过 parseFloat()函数转换为数字，此时代码为：

C＝2＊(parseFloat(width)＋ parseFloat(height));

再次运行代码，得到正确结果为 60。

4.1.4　页面结构、样式和行为

HTML 定义了网页的内容，即页面结构；CSS 描述了网页布局的样式；JavaScript 控制网页的行为，即通过 JavaScript 改变网页的内容和样式，实际上就是通过调用 JavaScript 函数动态改变文档中各个元素对象的属性值，或使用文档对象的方法，实现与用户流畅交流。

若按照结构、样式、行为的方式进行分离，对站点进行修改就会很容易，尤其修改全站点范围的效果会很方便。实现高质量的代码需要在结构、样式、行为分离的基础上做到：精简，重用，有序。

精简：尽量减小文件的大小，提高页面加载速度。

重用：提高代码的重用性，减少冗余代码，提高开发速度。

有序：提高代码的结构性，组织好代码结构更利于维护和应变特殊情况。

4.2　数据类型和运算符

JavaScript 语言中采用弱类型的方式，拥有动态类型，这意味着相同的变量可用作不同的类型。

4.2.1　数值型

数值型(number)是最基本的数据类型。JavaScript 不区分整型数字和浮点数字，所有的数字都是数值型。

1. 整型数据

在 JavaScript 程序中，十进制的整数是一个数字序列，比如：0，6，－8，200。

2. 十六进制和八进制

十六进制数据(基数为 16)，是以"0X"和"0x"开头，其后跟随十六进制数字串的直接量。十六进制的数字可以是 0～9 中的某个数字，也可以是 a(A)～f(F)中的某个字母，它们用来表示 0～15(包含 0 和 15)的某个值，下面是十六进制整型数据的例子：

0x8f　　　　　　　　　　//8＊16＋15＝143(基数为 10)

JavaScript 的某些实现允许采用八进制格式的整型数据。八进制数据以数字 0 开头，其后跟随一个数字序列，这个序列中的每个数字都为 0～7(包括 0 和 7)，例如：

```
0566                  //5*8² + 6*8¹ + 6*8⁰ = 374(基数为 10)
var x = 070;          //八进制,56
var x = 08;           //无效的八进制数,自动解析为 8
```

3. 浮点型数据

浮点型数据可以有小数点，采用传统科学记数法。一个实数可以表示为"整数部分.小数部分"。例如:6.8,.556(有效，但不推荐此写法)。

4. toFixed( )方法

toFixed()方法可把 number 四舍五入为指定小数位数的数字，返回值为 string 类型。示例如下:

```
var num = 3.456789;
var n = num.toFixed();          //一个数字不留任何小数:n 的值为 3
var num = 3.456789;
var n = num.toFixed(2);         //一个数字,保留 2 位小数:n 的值为 3.46
alert(typeof n);                //输出 string 类型
```

在涉及计算时，可以使用 toFixed()方法来计算精度，比如求矩形的面积、体脂率等。

4.2.2 字符串型

JavaScript 程序中的字符串型数据包含在单引号和双引号中，但是，前后必须一致。如:'A'和"Hello JavaScript!"都是字符串型数据。

由单引号定界的字符串可以包含双引号，由双引号定界的字符串也可以包含单引号。如:'pass="mypass"' "You can call her 'Rose'"都是字符串型数据。

4.2.3 布尔型

数字数据类型和字符串数据类型的值都是无穷多个，但布尔型数据只有两个值，这两个合法的值分别由直接量"true"和"false"表示，它说明某个事物是真还是假。

在 JavaScript 程序中，布尔值通常用来比较所得的结果，示例如下:

```
m==1
```

这行代码测试了变量 m 的值是否和数字 1 相等。如果相等，比较的结果就是布尔值 true，否则结果就是 false。

布尔值通常用于 JavaScript 的控制结构。例如，JavaScript 的 if...else...语句就是在布尔值为 true 时执行一个操作，而在布尔值为 false 时执行另一个操作。这些转换规则对理解流控制语句(如 if 语句)自动执行相应的布尔型转换非常重要，示例如下:

```
if(m==1){
    n="Yes";
}else{
    n="No";
}
```

上述代码检测了 m 是否等于 1，如果相等，则 n="Yes"，否则 n="No"。

4.2.4 未定义值和空值

1. 未定义值

未定义类型的变量是 undefined,表示变量还没有赋值(如 var m;),或者赋予一个不存在的属性值(如 var m=String.noproperty;)。

2. 空值

JavaScript 中的关键字 null 是一个特殊的值,它表示值为空,用于定义空的或者不存在的引用。如果试图引用一个没有定义的变量,则返回一个 null 值。这里必须注意的是,null 不等同于空字符串("")和 0。

由此可见,null 和 undefined 的区别是,null 表示一个变量被赋予了一个空值,而 undefined 则表示该变量尚未被赋值。

4.2.5 数据类型的自动转换

当 JavaScript 尝试操作一个"错误"的数据类型时,会自动转换为"正确"的数据类型。以下输出结果不是你所期望的。

```
5 + null              //返回 5,null 转换为 0
"5" + null            //返回"5null",null 转换为"null"
"5" + 1               //返回"51",1 转换为"1"
"5" - 1               //返回 4,"5" 转换为 5
"5" * 2               //返回 10,"5" 转换为 5
"6" / 2               //返回 3,"6" 转换为 6
```

总结:当字符串与其他类型用"+"连接时,其他类型会隐式地转换成字符串,其他的运算符"-","*","/","%"都会隐式地转换成 number 类型。

4.2.6 JavaScript 常用运算符

用于操作数特定符号的集合叫运算符,运算符操作的数据叫操作数,运算符与操作数连接后的式子叫表达式,运算符也可以连接表达式构成更长的表达式。运算符可以连接不同数目的操作数,一元运算符可以应用于一个操作数,二元运算符可以用于两个操作数,三元运算符可以用于三个操作数。运算符可以连接不同数据类型的操作数,构成算术运算符、逻辑运算符、关系运算符。用于赋值的运算符叫赋值运算符,用于条件判断的运算符叫条件运算符(唯一的三元运算符)。下面详细介绍这些运算符。

1. 使用 typeof 运算符判断数据类型

typeof 运算符返回其操作数当前的数据类型。这对于判断一个变量是否已被定义特别有用。下面应用 typeof 运算符返回当前操作数的数据类型,如下:

```
typeof "John"                 //返回 string
typeof 3.14                   //返回 number
typeof false                  //返回 boolean
typeof [1,2,3,4]              //返回 object
typeof {name:'John', age:34}  //返回 object
```

```
typeof undefined              //返回 undefined
typeof null                   //返回 object
```

说明:typeof 运算符把类型信息用字符串返回。typeof 运算符的返回值有 6 种:"number""string""boolean""object""function""undefined"。

2. 算术运算符

算术运算符可以进行加、减、乘、除和其他数学运算,见表 4-1。

表 4-1　　　　　　　　　　　算术运算符

算术运算符	描述	算术运算符	描述
+	加	/	除
-	减	++	递增 1
*	乘	--	递减 1
%	取模		

3. 比较运算符

比较运算符可以比较表达式的值,比较运算符的基本操作过程是:首先对操作数进行比较,然后返回一个布尔值 true 或者 false。JavaScript 中常用的比较运算符见表 4-2。

表 4-2　　　　　　　　　　　比较运算符

比较运算符	描述	比较运算符	描述
<	小于	>=	大于等于
>	大于	==	等于
<=	小于等于	!=	不等于
===	恒等于	!==	不恒等于

恒等于运算符"==="与不恒等于运算符"!=="对数据类型的一致性要求严格。

4. 赋值运算符

赋值运算符不仅实现了赋值功能,由它构成的表达式也有一个值,值就是赋值运算符右边的表达式的值,赋值运算符的优先级很低,仅次于逗号运算符。

复合赋值运算符是运算与赋值两种运算的复合,先运算、后赋值,以简化程序的书写,提高运算效率。

JavaScript 中常用赋值运算符见表 4-3。

表 4-3　　　　　　　　　JavaScript 中常用赋值运算符

赋值运算符	描述
=	将右边表达式的值赋给左边的变量。例如 userpass="123456"
+=	将运算符左侧的变量加上右侧表达式的值赋给左侧的变量。m+=n,相当于 m=m+n
-=	将运算符左侧的变量减去右侧表达式的值赋给左侧的变量。m-=n,相当于 m=m-n
*=	将运算符左侧的变量乘以右侧表达式的值赋给左侧的变量。m*=n,相当于 m=m*n
/=	将运算符左侧的变量除以右侧表达式的值赋给左侧的变量。m/=n,相当于 m=m/n
%=	将运算符左侧的变量用右侧表达式的值求模,并将结果赋给左侧的变量。m%=n,相当于 m=m%n

5. 条件运算符

条件运算符是三元运算符,使用该运算符可以方便地由条件逻辑表达式的真假值得到各自对应的取值。或由一个值转换成另外两个值,使用条件运算符嵌套多个值。其格式如下:

条件表达式？结果1:结果2

如果条件表达式的值为 true,则整个表达式的结果为结果1,否则为结果2。

使用三元运算符判断一个整数是奇数还是偶数的示例如下:

＜script type="text/javascript"＞
var a,b;
a＝window.prompt("请输入数据:");
b＝parseInt(a)%2＝＝0?'偶数':'奇数';
document.write(a,'是',b);
＜/script＞

4.3 变量和函数

变量是指程序中一个已经命名的存储单元,它的主要作用就是为数据操作提供存放信息的容器。在使用变量前,首先必须了解变量的命名规则,规则同样适用于函数的命名。

4.3.1 变量的命名与声明

JavaScript 中的变量命名与其他编程语言非常相似,但需要注意以下几点:

(1)变量必须使用字母、下划线"_"或者美元符号"$"开始。可以使用任何多个英文字母、数字、下划线"_"或者美元符号"$"组成。变量名称不能有空格、＋、－或其他符号。

(2)不能使用 JavaScript 中的关键字作为变量。这些关键字是 JavaScript 内部使用的,不能作为变量的名称,如 break、finally、for、true 等。

(3)JavaScript 的变量名是严格区分大小写的。例如 Userpass 与 userpass 分别代表的不同变量。

(4)对变量命名时,最好有一定的含义,以便于记忆,且具有一定意义的变量名称,以增加程序的可读性。

声明变量时所遵循的规则如下:

(1)可以使用一个关键字 var 同时声明多个变量。例如:

var x,y,z;   //同时声明 x,y,z 三个变量

(2)可以在声明变量的同时对其赋值,即初始化。例如:

var x=1,y=2,z=3;   //同时声明 x,y,z 三个变量,并分别对其赋值

(3)如果只是声明了变量,并未对其赋值,则其值默认为 undefined。

(4)var 关键字可以用作 for 循环和 for...in 循环的一部分,这样使循环变量的声明成为循环语句自身的一部分,使用起来比较方便。

(5)可以使用 var 关键字多次声明同一个变量,变量也可以重复赋值,最后的赋值会覆盖之前的值。

当给一个尚未声明的变量赋值时,JavaScript 会自动用该变量名创建一个全局变量。在函数内部,通常创建的只是一个仅在函数内部起作用的局部变量,而不是全局变量。创建一个局部变量必须使用 var 关键字在函数内部进行变量声明。

另外,由于 JavaScript 采用了弱类型的数据形式,因此用户可以不必理会变量的数据类型,可以把任意类型的数据赋值给变量。

4.3.2 函数的定义与调用

函数为程序设计人员提供了方便,在进行复杂的程序设计时,通常是根据所要完成特定的功能,将程序划分为一些相对独立的部分,每部分编写一个函数,从而使各部分充分独立,任务单一,程序清晰、易懂、易读、易维护。

1. 函数的定义

定义一个函数和调用一个函数是两个截然不同的概念。定义一个函数只是让浏览器知道有这样一个函数。而只有在函数被调用时,其代码才真正被执行。函数与其他的 JavaScript 一样,必须位于＜script＞＜/script＞标签对之间,函数的基本语法如下:

```
<script>
function 函数名称(参数表){
    函数执行部分;
    return 表达式;
}
</script>
```

return 语句指明由函数返回的值。return 语句是函数内部和外部相互交流和通信的唯一途径。return 语句可以省略,如果省略或者 return 语句后面没有表达式,函数会返回 undefined。

定义函数时,在函数名后面的圆括号内可以指定一个或多个参数(参数之间用逗号","分隔)。指定参数的作用在于当调用函数时可以为被调用的函数传递一个或多个参数。

2. 函数的调用

函数是一系列 JavaScript 语句的有效组合。只要这个函数被调用,就意味着这一系列 JavaScript 语句按顺序被解释执行。一个函数可以有自己的可以在函数内使用的参数。

我们把定义函数时指定的参数称为形式参数,简称形参;而把函数调用时实际传递的值称为实际参数,简称实参。

通常,在定义函数时使用了多少个形参,在函数调用时也必须给出多少个实参,同样实参也需要使用逗号","分隔。

函数定义好以后,是不能自动执行的,要执行一个函数需要在特定的位置调用该函数,调用语句包含函数名称和参数具体值。

用户的任何一个交互动作都会引发一个事件,通过适当的 HTML 标签,可以间接地引起一个函数的调用。这样的调用也称为事件处理。调用格式为:事件名="函数名"。

用户单击按钮将触发单击事件,通过编写程序对事件做出反应的行为称为响应事件。在 JavaScript 语言中,将函数与事件相关联就完成了响应事件的过程。例如,当用户单击某个按钮时,与此事件相关联的函数将被执行。

【例 4-2】 函数的定义和调用,代码如下:

```
<script>
    function add(a,b){
        sum=a+b;
        alert("a+b ="+sum);
        return sum;
    }
    add(3,4);                    //调用函数,直接写函数名
    alert(add(6,2));             //输出函数的返回值
</script>
<input type="button" value="单击" onclick="add(5,6)">
<!-- 单击按钮后,调用 add(5,6)函数,onclick 为单击事件 -->
```

4.3.3 变量的作用域

变量还有一个重要特性,那就是变量的作用域。在 JavaScript 中同样有全局变量和局部变量之分。

全局变量:是在所有函数体之外声明(使用 var),页面上的所有脚本和函数都能访问它。如果变量在函数内没有声明(没有使用 var 关键字),该变量为全局变量。"x=1;"这条语句将声明一个全局变量 x,使它在函数内执行。

局部变量:是在 JavaScript 函数内部声明的变量(使用 var),只能在函数内部访问它(该变量的作用域是局部的),其他函数则不能访问它。

JavaScript 变量的生命期:JavaScript 变量的生命期从它们被声明的时间开始。局部变量会在函数运行以后被删除,全局变量会在页面关闭后被删除。

如果全局变量与局部变量有相同的名字,则同名局部变量所在函数内会屏蔽全局变量,而优先使用局部变量。

【例 4-3】 变量作用域,在<script></script>标签对内编写如下代码:

```
<script language="javascript">
document.write("全局变量与局部变量的演示:<br/>");
var myname = "李雷";
document.write("函数外:myname=" + myname+"<br/>");
function myfun() {
    var myname;
    myname = "韩梅梅";
    document.write("函数内:myname=" + myname + "<br/>");
}
myfun();
document.write("函数外:myname=" + myname + "<br/>");
</script>
```

运行代码,浏览页面,结果如图 4-8 所示。

图 4-8　变量作用域

说明:这个运行结果说明,函数内改变的只是该函数内定义的局部变量,不影响函数外的同名全局变量的值,函数调用结束后,局部变量占据的内存存储空间被收回,而全局变量内存存储空间则被继续保留。

4.4　常用的内置函数

在使用 JavaScript 语言时,除了可以自定义函数之外,还可以使用 JavaScript 的内置函数,这些函数都是 JavaScript 语言自身提供的,是 JavaScript 全局方法。下面对这些常用的内置函数进行详细介绍。

1. parseInt( )函数

该函数用于将首位为数字的字符串转化为数字,解析到非数字字符,开头和结尾的空格是允许的。如果字符串不是以数字开头,则将返回 NaN。其语法格式如下:

parseInt(StringNum,[n])

StringNum 为需要转化为整型的字符串。n 表示所保存数字的进制数。这个参数在函数中不是必需的。

```
parseInt("10");              //返回值是 10
parseInt("10.33");           //返回值是 10
parseInt("34 45 66");        //返回值是 34
parseInt("60 ");             //返回值是 60
parseInt("40 years");        //返回值是 40
parseInt("He was 40");       //返回值是 NaN
parseInt("10",8);            //返回值是 8
```

2. parseFloat( )函数

该函数用于将首位为数字的字符串转化为浮点型数字,如果在解析过程中遇到了第一个正负号(+或-)、小数点,或者科学记数法中的指数(e 或 E)以外的非数字字符,则它会忽略该字符以及之后的所有字符,返回当前已经解析到的浮点数。同时参数字符串首位的空白符会被忽略。如果字符串不是以数字开头,则将返回 NaN。其语法格式为:parseFloat(StringNum),StringNum 为需要转化为浮点型数字的字符串。例如:

```
parseFloat("10");            //返回值是 10
parseFloat("10.3.3");        //返回值是 10.3
parseFloat("34 45 66");      //返回值是 34
parseFloat(" 60 ");          //返回值是 60
```

```
parseFloat("40 years");        //返回值是 40
parseFloat("He was 40");       //返回值是 NaN
```
JavaScript 中有一种特殊类型的数字常量 NaN,即"非数字"。当程序由于某种原因计算错误后,将产生一个没有意义的数字,此时 JavaScript 返回的数字就是 NaN。

3. isNaN( )函数

该函数主要用于检验某个值是否为 NaN(非数字值 Not a Number)。其语法格式如:isNaN(num),num 为函数的参数,该参数可以是任何类型,某些不是数字的值会直接转换为数字,而任何不能被转换为数字的值都会导致这个函数返回 true。例如:

```
isNaN(123);                //返回值是 false
isNaN("Hello");            //返回值是 true
isNaN("2005/12/12");       //返回值是 true
```

4.5 基本语句

4.5.1 编写 JavaScript 语句注意事项

1. JavaScript 单行注释语句

使用注释对代码进行解释,有助于在以后对代码的编辑修改。单行注释语句以双斜杠(//),多行注释语句也称为块级注释:(/ * */)把多行字符串包裹起来,把一大"块"视为一个注释,HBuilder 编辑器开启/关闭注释快捷键是"Ctrl + /",只需选中要注释的内容按下快捷键即可。

2. JavaScript 语句规则

- 一行的结束就被认定为语句的结束,通常在结尾加上一个分号";"来表示语句的结束。
- JavaScript 中的代码和符号(包括";"分号)都要在英文状态下输入。
- 大小写敏感。JavaScript 区分大小写,编写 JavaScript 代码时应正确处理大小写字母。
- 使用成对的符号。在 JavaScript 中,开始符号和结束符号是成对出现的,遗漏或放错了成对符号是一个较为常见的错误。
- 使用注释。用户可以在注释行记录 JavaScript 的功能、创建时间和创建者。

4.5.2 流程控制语句:分支结构

程序是由一条一条语句构成的,语句是按照自上而下的顺序逐条执行的,在 JavaScript 中使用{}来为语句进行分组,同一个{}中的语句称为一组语句,一个{}中的语句称为一个语句块,在语句块后面不用再写";"了。

通过流程控制语句可以控制程序执行流程,使程序可以根据一定的条件来选择执行。编程语言都有流程控制语句,使用这些语句及其嵌套可以表示各种复杂算法。

1. 单分支结构

if 语句是最基本、最平常的分支结构语句,可以在执行某个语句之前进行判断。if 语句在执行时,会先对条件表达式进行求值判断,如果条件成立(条件表达式的值为 true)才会执行 if 后面的语句,条件不成立(条件表达式的值为 false)则不会执行 if 后面的语句。单分支结构语法格式如下:

  if(条件表达式){
    语句块
  }

2. 双分支结构

if...else...语句是在指定的条件成立时执行 if 后的语句块,在条件不成立时,执行 else 后的语句块。

  if(条件表达式){
    语句块 1
  }else{
    语句块 2
  }

假设我们通过年龄来判断是否为成年人,如果年龄大于 18 岁就是成年人,否则不是。代码如下:

```
<script>
var myage=18;
if(myage>=18) {              //myage>=18 是判断条件
    document.write("你是成年人");
}
else {                        //否则年龄小于 18
    document.write("未满 18 岁,你不是成年人。");
}
</script>
```

3. 多分支语句

可以使用 if...else...语句嵌套实现,也可以用 switch 语句实现,下面介绍 switch 语句。

switch 语句的结构如下:

```
switch(表达式){
    case 值 1:
        语句块 1
        break;
    ……
    case 值 n:
        语句块 n
        break;
    default:
        语句块 n+1
        break;
}
```

【例4-4】 分支结构的使用,核心代码如下:
```
var time = new Date().getHours();    //new Date()得到当前时间点的时间对象,通过 getHours()
                                       获取小时数
if(time < 10){
    document.write("Good morning！");
}else if(time>=10 && time<20){
    document.write("Good day！");
}else{
    document.write("Good evening！");
}
var day= new Date().getDay();         //通过.getDay()获取当前星期几,0 为周日,1~6 表示周一
                                       到周六
switch(day) {
    case 0：
        document.write("今天是周日");
        break；
    case 6：
        document.write("今天是周六");
        break；
    default：
        document.write("今天是工作日!");
}
```
运行代码,以 2020 年 5 月 6 日为例结果为:Good day！今天是工作日！

说明:多分支的 switch 语句中,如果几个分支使用共同的语句,可以将它们合并在一起,使用一段语句块。switch 语句中的"break;"语句作用是分支从此退出,以免执行后续语句。大家试着查看运行删除语句"break;"后的执行结果。

4.5.3 流程控制语句:循环结构

1. 循环结构的三个要素

循环初始化:设置循环变量初值。
循环控制:设置继续循环进行的条件。
循环体:重复执行的语句块。

2. 当循环结构

当循环结构,while 语句格式如下:
```
while(条件表达式){
    语句块
}
```
示例如下:
```
var i=0;
while(i < 10){
    document.write(i);
```

```
    i++;
}
```

3. 直到循环结构

直到循环结构,do...while 语句格式如下:

```
do{
    语句块
} while(条件表达式)
```

示例如下:

```
var i = 0;
do{
    document.write(i);
    i++;
}while(i< 10)       //输出 0123456789
```

4. 计数循环结构

计数循环结构,for 语句格式如下:

```
for(var i=0;i<length;i++){
    语句块
}
```

示例如下:

```
for(var i = 0; i < 3; i++) {
    document.write(i,"<br>");
}       //第 1 行输出 0,第 2 行输出 1,第 3 行输出 2
```

5. 枚举循环结构

枚举循环结构,for...in 语句格式如下:

```
for(var i=0 in array){          或者        for(i in array){
    语句块                                      语句块
}                                           }
```

示例如下:

```
var a = ['A','B','C'];
for(var i in a){
    document.write(i,'.',a[i],"<br>");
}       //第 1 行输出 0.A,第 2 行输出 1.B,第 3 行输出 2.C
```

6. continue 语句

continue 语句只用在循环语句中,控制循环体满足一定条件时提前退出本次循环,继续下次循环。

7. break 语句

break 语句在循环语句中,控制循环体满足一定条件时提前退出循环,不再继续该循环。

说明:continue 语句和 break 语句一般都用在循环体内的分支语句中,若不在分支语句里使用,单独使用这些语句是没有意义的。

4.6 日期(Date)对象和数学(Math)对象

4.6.1 日期(Date)对象

使用关键字 new 新建日期对象时,可以用下述几种方法:
new Date();   //如果新建日期对象时不包含任何参数,得到的是当前的日期。
new Date(日期字符串);
new Date(年,月,日[,时,分,秒,毫秒]);
常用的日期(Date)对象方法见表 4-4。

动态时钟的实现

表 4-4　　　　　　　　　　常用的日期(Date)对象方法

方法	说明
getDate()	返回 Date 对象中月份中的天数,其值介于 1~31
getDay()	返回 Date 对象中的星期几,其值介于 0~6
getHours()	返回 Date 对象中的小时数,其值介于 0~23
getMinutes()	返回 Date 对象中的分钟数,其值介于 0~59
getSeconds()	返回 Date 对象中的秒数,其值介于 0~59
getMonth()	返回 Date 对象中的月份,其值介于 0~11
getFullYear()	返回 Date 对象中的年份,其值为四位数
getTime()	返回自某一时刻(1970 年 1 月 1 日)以来的毫秒数

页面显示当前日期的示例如下:
布局:
<span id="timeShow"> </span>
动态功能:
var time = new Date();   //获得当前时间
var year = time.getFullYear()+"年";   //获得年份
var month = time.getMonth()+"月";   //获得月份
var date = time.getDate()+"日";   //获得第几天
document.getElementById("timeShow").innerHTML = year+month+date;   //显示日期

4.6.2 数学(Math)对象

JavaScript 的数学对象提供了大量的数学常数和数学函数。利用 JavaScript 的数学对象可以很方便地实现各种计算功能。
数学对象调用属性的规则为:Math.属性名。
数学对象调用方法的规则为:Math.方法名(参数 1,参数 2,…)。
Math 对象的属性与方法见表 4-5。

表 4-5　　　　　　　　　　　Math 对象的属性和方法

属性与方法名称	意义	示例
floor(x)	返回与某数相等,或小于概数的最小整数	floor(−18.8);结果为−19 floor(18.8);结果为 18
exp(x)	e 的 x 次方	exp(2);结果为 7.38906
log(x)	返回某数的自然对数(以 e 为底)	log(Math.E);结果为 1
min(x,y)	返回 x 和 y 两个数中较小的数	min(2,3);结果为 2
max(x,y)	返回 x 和 y 两个数中较大的数	max(2,3);结果为 3
pow(x,y)	x 的 y 次方	pow(2,3);结果为 8
random()	返回 0～1 的随机数	0.58953415148641256
round(x)	四舍五入取整	round(5.3);结果为 5
sqrt(x)	返回 x 的平方根	sqrt(9);结果为 3

常利用 JavaScript 的数学对象还可以实现指定范围内的随机数生成。

产生 0～1 的随机数的方法是可以直接使用 Math.random()函数。

产生 0～n 的随机数可以使用下面的方法：

Math.floor(Math.random()*(n+1))

产生 n1～n2(其中 n1 小于 n2)的随机数的方法为：

Math.floor(Math.random()*(n2−n1))+n1

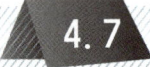

4.7　DOM 基础

学习 JavaScript 的起点就是处理网页,所以我们要学习基础语法和如何使用 DOM 进行简单操作。

4.7.1　DOM 对象意义

DOM 是文档对象模型(Document Object Model)的缩写。DOM 对象模型的出现,使得 HTML 元素成为对象,借助 JavaScript 就能操作 HTML 元素。HTML 元素允许相互嵌套,页面文档部分是由 html 为根节点的 HTML 节点树组成的,DOM 的结构就是一个树形结构,如图 4-9 所示。JavaScript 程序使用 DOM 对象可以动态添加、删除、查询节点,设置节点的属性,程序员使用丰富的 DOM 对象库可以方便地操控 HTML 元素。

文档对象节点树有以下特点：

(1)每一个节点树有一个根节点,如图 4-9 所示中的 HTML 元素。

(2)除了根节点,每一个节点都有一个父节点。

(3)每一个节点都可以有许多的子节点。

(4)具有相同父节点的叫作"兄弟节点",如图 4-9 所示的 head 元素和 body 元素,h1 元素和 p 元素等。

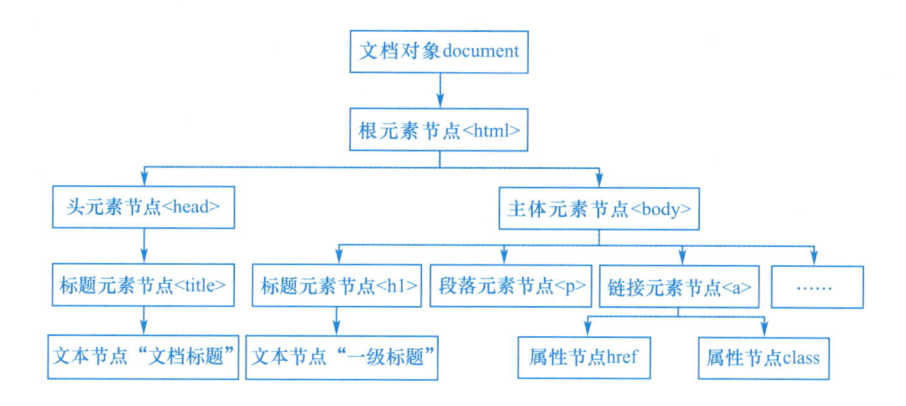

图 4-9　DOM 节点层次图效果

4.7.2　获取元素对象的一般方法

JavaScript 使用节点的属性和方法，可以通过下述几种方式得到文档对象中的各个元素对象。

1. document.getElementById

如果 HTML 元素中设置了 id 属性，就可以通过这一方法根据元素的 id 属性值得到该元素对象，它的格式是：

document.getElementById('id 属性值')

document.getElementById("buttonTest")就是获取 id 属性值为"buttonTest"的元素对象。

2. document.getElementsByTagName

这种方式是通过元素标签名得到一组元素对象，它的格式是：

document.getElementsByTagName('元素标签名')

或

节点对象.getElementsByTagName('元素标签名')

使用第二种格式将得到该"节点对象"下的所有指定元素标签名的一组对象。

document.getElementsByTagName('input')[0]

此代码表示：一组元素标签名为"input"中的第一个。

第二个可以使用 document.getElementsByTagName('input')[1]来获取。

3. document.getElementsByName

这种方式是通过元素名(name)得到一组元素对象数组(array)，它的格式是：

document.getElementsByName('元素名')

或

节点对象.getElementsByName('元素名')

它一般用于节点具有 name 属性的元素，大部分的表单及其控件元素都会设置 name 属性。

document.getElementsByName("but1")[0]

4. getElementsByClassName

getElementsByClassName()方法接收一个参数,即一个包含一或多个样式类名的字符串,返回带有指定样式类的所有元素的集合。传入多个样式类名时,样式类名的先后顺序不重要。如果查找带有相同样式类名的所有 HTML 元素,使用这个方法实现返回包含 class="intro"的所有元素,代码如下:

    document.getElementsByClassName("intro");　　　　//记得不加点==>不是".intro"

注意:getElementsByClassName()在 Internet Explorer 5/6/7/8 中无效。

4.7.3 DOM 元素的 innerHTML 属性的应用

innerHTML:表示元素的所有元素和文本的 HTML 代码。在读模式下,innerHTML 属性返回元素的所有的子节点对应的 HTML 标签和内容。在写模式下,innerHTML 会根据指定的值来创建新的 DOM 树,可以利用这个属性给指定的标签里面添加标签。

通过 innerHTML 属性直接操作文档是很好的网页和用户交互方式。console.log()和 alert()主要用于调试,alert()和 document.write()不好控制显示的位置,而使用 innerHTML 属性写入 HTML 元素可以精确地控制显示的位置,这种方式最为常用。

【例 4-5】 使用 innerHTML 写入 HTML 元素。代码如下:

```
<!DOCTYPE html>
<html>
<head>
<meta charset="utf-8">
<title>Sample Page!</title>
</head>
<body>
<p id="demo">每一个所期待的美好未来,都必须有一个努力的现在</p>
<script>
document.getElementById("demo").innerHTML = "<h3>学习环境无处不在</h3>";
</script>
</body>
</html>
```

以上 JavaScript 语句可以在 Web 浏览器中执行,document.getElementById("demo")是通过 id 属性值来查找 HTML 元素的 JavaScript 代码。后面的 innerHTML = "学习环境无处不在";是用于修改元素的 HTML 内容(innerHTML)的 JavaScript 代码。

4.7.4 DOM 事件

在使用事件处理程序对页面进行操作时,最主要的是如何通过对象的事件来指定事件处理程序,也称为事件绑定,其常用方式主要有 2 种:HTML 中指定事件处理程序;将一个函数赋值给一个事件处理属性。下面具体介绍事件绑定的使用方法及其优缺点。

1. HTML 中指定事件处理程序

通过直接在 HTML 代码里定义了一个 onclick 属性触发 showFn()方法,这样的事件处理程序最大的缺点就是 HTML 与 JavaScript 强耦合,一旦需要修改函数名就得修改两个

地方,当然其优点是不需要操作 DOM 来完成事件的绑定。示例如下:
<button type=″button″ onclick=″showFn()″>ok</button>
<script>
function showFn() {
　　alert('Hello World');
}
</script>

2. 将一个函数赋值给一个事件处理属性

将一个函数赋值给一个事件处理属性的方式绑定事件,可以通过给事件处理属性赋值 null 来解绑事件。这种方式解决了 HTML 与 JavaScript 强耦合,是最常用的方式。示例如下:
<button id=″btn″ type=″button″>Over Me</button>
<script>
　　var btn = document.getElementById('btn');
　　btn.onmouseover = function() {
　　　　alert('Mouse Over Me!');
　　}
</script>

3. 常见的事件

常见的事件见表 4-6,大家重点学习 JavaScript 中常用的事件。

表 4-6　　　　　　　　　　JavaScript 中常用的事件

事件名称	含义	详细说明
onclick	鼠标单击	单击按钮、图像、文本框、列表框等
onchange	内容发生改变	如文本框的内容发生改变
onfocus	元素获得焦点(鼠标)	如单击文本框时,该文本框获得焦点(鼠标),产生 onfocus(获得焦点)事件
onblur	元素失去焦点	与获得焦点相反,当用户单击别的文本框时,该文本框就失去焦点,产生 onblur(失去焦点)事件
onmouseover	鼠标悬停事件	当移动鼠标,停留在图像或文本框等的上方时,就产生(鼠标悬停)事件
onmouseout	鼠标移出事件	当移动鼠标,离开图像或文本框所在的区域,就产生 onmouseout(鼠标移出)事件
onmousemove	鼠标移动事件	当鼠标在图像或层<div>或<span>等 HTML 元素上方移动时,就产生(鼠标移动)事件
onload	页面加载事件	HTML 网页从网站服务器下载到本机后,需要浏览器加载到内存中,然后解释执行并显示,浏览器加载 HTML 网页时,将产生 onload(页面加载)事件
onsubmit	表单提交事件	当用户单击提交按钮,提交表单信息时,将产生 onsubmit(表单提交)事件
onmousedown	鼠标按下事件	当在按钮、图像等 HTML 元素上按下鼠标时,将产生 onmousedown 事件

（续表）

事件名称	含义	详细说明
onmouseup	鼠标弹起事件	当在按钮、图像等 HTML 元素上释放鼠标时，将产生 onmouseup 事件
onresize	窗口或框架被重新调整大小	当用户改变窗口大小时产生，如窗口最大化、窗口最小化、用鼠标拖动，改变窗口大小等

4.8 动态改变元素样式

style 对象代表一个单独的样式声明，可从应用样式的文档或元素访问 style 对象。使用 style 对象属性语法格式如下：

Obj.style.property="值"；

其中 Obj 为元素对象。设置一个已有元素的 style 属性示例如下：

document.getElementById("myH1").style.color = "red";　　//改变元素内字体的颜色为红色

【例 4-6】　style.property 的应用。如图 4-10、图 4-11 所示。

图 4-10　初始效果

图 4-11　改变背景色和图像隐藏后效果

代码如下：

```
<!DOCTYPE html>
<html>
<head>
<meta charset="utf-8">
<title>style.property 的应用</title>
<style type="text/css">
span {
    margin: 10px;
}
</style>
```

```
</head>
<body>
<h2>单击下面颜色名称改变网页背景颜色</h2>
<span onclick="bg(this.innerHTML)">pink</span>
<span onclick="bg(this.innerHTML)">lightblue</span>
<span onclick="bg(this.innerHTML)">lightgreen</span>
自定义背景色选择：
<input type="color" value="#ff0000" onchange="bg(this.value)"/>
<h2 onclick="toggle()">单击我控制图像的切换显示</h2>
<img src="img/h5.jpg"/>
<script type="text/javascript">
function bg(s){
    document.body.style.backgroundColor = s;
}
var img=document.getElementsByTagName("img")[0];
function toggle(){
    if(img.style.display=="none"){          //注意：比较用双等号"=="，单等号"="是赋值
        img.style.display="block";
    }
    else{
        img.style.display="none";
    }
}
</script>
</body>
</html>
```

任务实施

1. 任务分析

本任务来实现电脑版的猜拳游戏功能，实现如图4-1～图4-4所示的猜拳游戏效果，共有剪刀、石头、布三个手势。双方同时做出相应手势，输赢判断规则为：剪刀赢布，布赢石头，石头赢剪刀。每个用户的初始积分为10金币。

(1)每一轮猜拳游戏，如果赢得本轮，获得10个金币，若输，损失10个金币。

(2)用户单击单选手势按钮组中的其中一个，获得输入值(1～3 的值)，其值事先设定为：1表示剪刀，2表示石头，3表示布。程序随机生产1～3的其中之一，然后与用户选择的值进行比较，根据猜拳游戏规则来判定，输出显示胜或败，并调整金币值。

知识点涉及：数学对象的应用，通过Math.random()和Math.floor()方法实现随机整数的显示；元素的访问，通过getElementById()方法控制信息的动态输出；单选框组值的获取，根据单选框value属性的值得到用户的选择；分支结构的使用，实现根据条件的判断增减金币的数量。当金币不足时，提示出局，并使得用户的选择区域不可见(通过设置元素的display属性值为none来实现)。

2. 创建 HTML 文件

创建 game.html 文件，添加元素及内容如下：

```html
<img src="img/cq.jpg"/>
<h2>机器出：<span id="jq"> </span></h2>
<h2>我出：
<label><input type="radio" name="cq" value="1" onclick="show(this)"/>剪刀</label>
<label><input type="radio" name="cq" value="2" onclick="show(this)"/>石头</label>
<label><input type="radio" name="cq" value="3" onclick="show(this)"/>布</label>
</h2>
<h1 id="info" style="color:red;"></h1><!--用来显示提示信息-->
```

此时的界面效果如图 4-12 所示。

图 4-12 猜拳游戏布局效果图

3. 动态效果的实现猜拳游戏主体功能

首先通过 Math.random() 获取介于 0(包含)~1(不包含)的一个随机数，Math.random()*3 取得介于 0~3(不包含)的一个随机数，Math 对象的 floor(x) 方法返回小于等于 x 的最大整数，通过 Math.floor() 方法去除小数，加 1 后得到 1(包含)~3(包含)的随机整数，和单选框获取的值进行比较(使用 value 属性获取单选框组选中项的值)。实现效果如图 4-1~图 4-4 所示。在<script>…</script>标签对中编写相应代码如下：

```
<script>
var jb = 10;
function show(r) {
    var jq = document.getElementById("jq");
    var me = document.getElementById("me");
    var info = document.getElementById("info");
    var s = Math.floor(1 + Math.random() * 3);
    if(s == 1)
```

```
            jq.innerHTML = "剪刀"
        if(s == 2)
            jq.innerHTML = "石头"
        if(s == 3)
            jq.innerHTML = "布"
        if(r.value == s) {
            info.innerHTML = "恭喜平局";
            return;                              //若平局,本轮结束,后面不再比较
        }
        if((s == 1 && r.value == 3) || (s == 2 && r.value) || (s == 3 && r.value == 2)) {
            jb -= 10;
            info.innerHTML = "很遗憾您输了,您还剩" + jb + "个金币";
        } else {
            jb += 10;
            info.innerHTML = "恭喜您赢了,您目前共有" + jb + "个金币";
        }
        if(jb == 0) {
            info.innerHTML = "谢谢参与,金币数量不足,您已出局,请充值!";
            document.getElementsByTagName("h2")[1].style.display = "none";
        }
    }
</script>
```

同步练习

一、理论测试

1. 以下变量名,哪个符合命名规则?(　　)
A. with　　　　　　B. _abc　　　　　　C. a&bc　　　　　　D. 1abc

2. 以下哪个单词不属于JavaScript保留字?(　　)
A. with　　　　　　B. demo　　　　　　C. class　　　　　　D. void

3. JavaScript语句:
var a1=10;
var a2=20;
alert("a1+a2="+a1+a2)
将显示(　　)结果。
A. a1+a2=30
B. a1+a2=1020
C. a1+a2=a1+a2
D. "a1+a2="+a1+a2

4. 在JavaScript中,执行结果正确的是(　　)。
A. typeof(null)的结果为 null
B. typeof(typeof(5))的结果为 string
C. typeof(5)的结果为 Number
D. typeof(typeof(undefined))的结果为 undefined

5. 下列 JavaScript 的判断语句中,(　　)是正确的。
   A. if(i==0)　　　B. if(i=0)　　　C. if i==0 then　　　D. if i=0 then

6. 下列 JavaScript 的循环语句中,(　　)是正确的。
   A. f(i<10;i++)　　　　　　　　B. for(i=0;i<10)
   C. for i=1 to 10　　　　　　　D. for(i=0;i<=10;i++)

7. 下列哪一个表达式将返回假？(　　)
   A. !(3<=1)　　　　　　　　　B. (4>=4)&&(5<=2)
   C. ("a"=="a")&&("c"!="d")　　D. (2<3)||(3<2)

8. 有语句"var x=0;while(　　){x+=2;}",要使 while 循环体执行 10 次,空白处的循环判定式应写为(　　)。
   A. x<10　　　B. x<=10　　　C. x<20　　　D. x<=20

9. 在 JavaScript 函数的定义格式中,下面各组成部分中,(　　)是可以省略的。
   A. 函数名　　　　　　　　　　B. 指明函数的一对圆括写()
   C. 函数体　　　　　　　　　　D. 函数参数

10. 如果有函数定义 function f(x,y){…},那么以下正确的函数调用是(　　)。
    A. f1,2　　　B. (1)　　　C. f(1,2)　　　D. f(,2)

11. 关于函数,以下说法错误的是(　　)。
    A. 函数类似于方法,是执行特定任务的语句块
    B. 可以直接使用函数名称来调用函数
    C. 函数可以提高代码的重用率
    D. 函数不能有返回值

12. 下列关于类型转换函数的说法,正确的是(　　)。
    A. parseInt("5.89s")的返回值为 6
    B. parseInt("5.89s")的返回值为 NaN
    C. parseFloat("36s25.8id")的返回值是 36
    D. parseFloat("36s25.8id")的返回值是 3625.8

13. 假设今天是 2019 年 5 月 1 日星期六,请问以下 JavaScript 代码输出结果是(　　)。
    var time = new Date();
    document.write(time.getMonth());
    A. 3　　　　B. 4　　　　C. 5　　　　D. 4 月

14. 在 JavaScript 中,下列(　　)语句能正确获取系统当前时间的小时值。
    A. var date=new Date();　var hour=date.getHour();
    B. var date=new Date();　var hour=date.gethours();
    C. var date=new date();　var hour=date.getHours();
    D. var date=new Date();　var hour=date.getHours();

15. 关于下面的 JavaScript 代码,说法正确的是(　　)。
    var s=document.getElementsByTagName("p");
    for(var i=0;i<s.length;i++){

```
    s[i].style.display="none";
}
```

A. 隐藏了页面中所有 id 为 p 的对象

B. 隐藏了页面中所有 name 为 p 的对象

C. 隐藏了页面中所有标签为<p>的对象

D. 隐藏了页面中所有标签为<p>的第一个对象

二、实训内容

1. 动态输入矩形的长和宽，计算输出矩形的周长和面积。要指定数字精度(可以尝试多种方案：使用 parseFloat()函数或利用数据类型的自动转换)。

2. 体脂率是指人体内脂肪重量在人体总体重中所占的比例，又称体脂百分数，它反映人体内脂肪含量的多少。正常成年人的体脂率：男性 15%～18%，女性 25%～28%。

体脂率可通过 BMI 计算法计算得出。BMI 计算法：

① BMI＝体重(公斤)÷(身高×身高)(米)

② 体脂率：1.2×BMI＋0.23×年龄－5.4－10.8×性别(男为 1,女为 0)

编写程序，询问用户的性别、年龄、体重、身高，根据公式计算出体脂率。

3. 实现简易选项卡，效果如图 4-13 所示。

图 4-13 简易选项卡

任务 5

实现注册|登录验证效果

学习目标

- 了解提供数组模型、存储大量有序数据的 Array 对象。
- 掌握 Array 对象常用属性的访问和常用方法的使用，理解 JavaScript 数组的动态性。
- 能够实现数组的新建，数组元素的插入、删除、替换等。
- 能够运用定时器函数实现网页特效。
- 能建立表格并设置其相关属性。
- 能动态插入行和单元格，动态修改单元格内容。
- 能动态删除表格的指定行。
- 了解处理字符串操作的 String 对象，掌握 String 对象常用方法和属性的访问。
- 理解正则表达式中常用符号的含义，掌握常用方法的使用。
- 能够实现表单的简单验证和严谨验证。

任务描述

本项目是用户注册|登录的实现，当填写信息格式不正确时，单击注册按钮，有类似如图 5-1～图 5-6 所示效果，能够实现注册表单的验证功能，并拓展实现登录验证功能。

任务 5　实现注册|登录验证效果

图 5-1　用户账号提示时效果

图 5-2　用户邮箱为空提示时效果

图 5-3　用户邮箱提示时效果

图 5-4　用户手机号码提示时效果

图 5-5　用户密码提示时效果　　　　　　　　图 5-6　密码不一致时提示效果

知识准备

5.1 DOM 进阶

5.1.1 DOM 节点常用的属性和方法

通过节点属性和方法，JavaScript 就可以方便地得到每一个节点的内容，并且可以进行添加、删除节点等操作。表 5-1、表 5-2 列举了 DOM 节点的常用属性和方法。

表 5-1　　　　　　　　　　　　DOM 节点的常用属性

属性	意义
body	只能用于 document.body，得到 body 元素
innerHTML	元素节点中的 HTML 内容，包括文本和标签
nodeName	元素节点的名字，是只读的，对于元素节点就是元素标签名
nodeValue	元素节点的值，对于文字内容的节点，得到的就是文字内容
nodeType	显示节点的类型
parentNode	元素节点的父节点
children	返回元素节点的子元素的集合
childNodes	元素节点的子节点数组。返回所有的节点，包括文本节点、注释节点
firstChild	第一个子节点，与 childNodes[0] 等价

(续表)

属性	意义
lastChild	最后一个子节点,与 childNodes[childNodes.length－1]等价
previousSibling	前一个兄弟节点,如果这个节点就是第一个节点,那么该值为 null
nextSibling	后一个兄弟节点,如果这个节点就是最后一个节点,那么该值为 null
attributes	元素节点的属性数组

表 5-2　　　　　　　　　　DOM 节点的常用方法

方法	意义
getElementById()	返回带有指定 id 属性值的元素
getElementsByName()	返回所有带有给定 name 属性值的元素的节点列表(集合/节点数组)
getElementsByTagName()	返回包含带有指定标签名称的所有元素的节点列表(集合/节点数组)
getElementsByClassName()	返回包含带有指定类名的所有元素的节点列表
appendChild()	把新的子节点添加到指定节点(是指定节点内部的底部)
insertBefore()	在指定的子节点前面插入新的子节点
removeChild()	删除子节点
replaceChild()	替换子节点
createElement()	创建元素节点
createTextNode()	创建文本节点
createAttribute()	创建属性节点
getAttribute()	返回指定的属性值
setAttribute()	把指定属性设置或修改为指定的值
removeAttribute()	该方法接受一个参数,用于删除指定属性
hasChildNodes()	当 childNodes 包含一个或多个节点时,返回真值

5.1.2　导航节点关系

DOM 对象的访问是操作 DOM 节点的先决条件。使用前面介绍的 getElementById()、getElementsByName()、getElementsByTagName()等可以定位获取元素,后面两个方法得到的是 DOM 节点的集合,访问其中某个节点必须借助于下标。

DOM 还为访问 DOM 节点的相对位置提供了多种方法。

1. 访问父节点

parentNode()方法与 parentElement()方法返回唯一的父节点,父节点不存在时返回 null。这两个方法完全等价,因为只有元素节点才能作为父节点。node.parentElement()返回 node 节点的父节点。DOM 顶层节点是 document 内置对象,document.parentNode()返回 null。

2. 访问子节点

childNodes 属性,返回包含文本节点及元素节点的子节点集合,文本节点和属性节点的 childNodes 永远是 null。利用 childNodes.length 可以获得子节点的数目,通过循环与索引查找节点。

firstChild 属性返回第一个子节点,firstChild 与 childNodes[0]等价。
lastChild 属性返回最后一个子节点,lastChild 与 childNodes[childNodes.length-1]等价。

3. 访问兄弟节点

nextSibling 属性返回同级的下一个节点,最后一个节点的 nextSibling 属性为 null。
previousSibling 属性返回同级的上一个节点,第一个节点的 previousSibling 属性为 null。

5.1.3　新增的几种常用方法和属性

1. 元素的遍历

对于元素间的空格,各浏览器会做出不同反应,这就导致了在使用 childNodes 和 firstChild 等属性时行为不一致的结果。由此,Element Traversal API 为 DOM 元素添加了以下 5 个属性:

childElementCount:返回子元素(不包括文本节点和注释)的个数。
firstElementChild:指向第一个子元素;firstChild 的元素版。
lastElementChild:指向最后一个子元素;lastChild 的元素版。
previousElementSibling:指向前一个同辈元素;previousSibling 的元素版。
nextElementSibling:指向后一个同辈元素;nextSibling 的元素版。
IE9,Firefox 3.5+,Safari,Opera,Chrome 浏览器都已经实现该接口。

2. querySelector( )与 querySelectorAll( )

在传统的 JavaScript 开发中,查找 DOM 往往是开发人员遇到的第一个头疼的问题,原生的 JavaScript 所提供的 DOM 选择方法并不多,仅仅局限于通过标签名称、name 属性值、id 属性值等方式来查找,这显然是远远不够的,如果要进行更为精确的选择,就不得不使用看起来非常烦琐的正则表达式,或者使用某个库。querySelector()以及 querySelectorAll()这两个方法能更方便地从 DOM 选取元素,功能类似于 jQuery 的选择器。querySelector()和 querySelectorAll()作为查找 DOM 的又一途径,极大地方便了开发者,使用它们可以像使用 CSS 选择器一样快速地查找到你需要的节点。

两个方法使用差不多的语法,都是接收一个字符串参数,这个参数需要是合法的 CSS 选择语法。querySelector()方法仅仅返回匹配指定选择器的第一个元素,如果需要返回所有的元素,则使用 querySelectorAll()方法替代。

其中参数可以包含多个 CSS 选择器,用逗号隔开,示例如下:
　　var element = document.querySelector('selector1,selector2,...');
　　var elementList = document.querySelectorAll('selector1,selector2,...');
注意:支持该方法的第一个浏览器的版本号:Internet Explorer 8,Chrome 4,Firefox 3.5,Opera 10,Safari 3.1。移动端可放心使用,使用这两个方法无法查找带伪类状态的元素,如 querySelector(':hover')不会得到预期结果。

根据 id 属性获取元素示例如下:
　　document.querySelector("#demo");　　//获取文档中 id="demo"的元素
querySelector()方法返回满足条件的单个元素。按照深度优先和先序遍历的原则使用参数提供的 CSS 选择器在 DOM 进行查找,返回第一个满足条件的元素。示例如下:
　　var element = document.querySelector('.foo,.bar');//返回带有.foo 或者.bar 样式类的首个元素

```
document.querySelector("a[target]");        //获取文档中有"target"属性的第一个<a>元素
var img = document.querySelector("img.demo");//取得包含样式类.demo的第一个img元素
```
querySelectorAll()方法返回所有满足条件的元素集合。示例如下：
```
//获取页面class属性为"red"的元素
document.querySelectorAll('.red')           //相当于:document.getElementsByClassName('red')
var oAs = document.getElementById("div1").querySelectorAll("a");
//取得id为div1的div中的所有<a>元素,相当于:getElementsByTagName("a")
elements = document.querySelectorAll('div.foo');   //返回所有带样式类.foo的div
```

【例5-1】 querySelector 和 querySelectorAll 的应用，效果如图5-7、图5-8所示。

图5-7　单击"变"按钮前的效果　　　　　　图5-8　单击"变"按钮后的效果

代码如下：

布局：
```html
<h2 class="example">带有 example 样式类的标题</h2>
<p class="example">带有 example 样式类的段落。</p>
<p>单击按钮效果为第一个带有 example 样式类的 p 元素文字变大,所有带有 example 样式类的 p 元素改背景颜色为粉色。</p>
<button onclick="myFunction()"> 变 </button>
```

实现：
```html
<script type="text/javascript">
function myFunction() {
    var para = document.createElement("p");     //创建了一个新的<p>元素
    var node = document.createTextNode("新段落");
    para.appendChild(node);                     //向<p>元素追加文本节点
    para.setAttribute('class','example');       //添加属性
    document.body.appendChild(para);            //向文档追加<p>元素
    document.querySelector("p.example").style.fontSize = "29px";
    var oPs = document.querySelectorAll("p.example");
    for(var i = 0; i < oPs.length; i++) {
        isIndex = oPs.item(i);                  //相当于 isIndex = oDivAs[i]
        isIndex.style.backgroundColor = "pink";
    }
}
</script>
```

5.2 表格动态操作

5.2.1 动态插入行和单元格

JavaScript 可以控制 table,动态地插入行和单元格。rows 保存着＜tbody＞元素中行的 HTMLCollection。

语法格式如下:

tableObject.insertRow(index)

该方法创建一个新的行对象,表示一个新的＜tr＞标签,用于在表格中的指定位置插入一个新行,并返回这个新插入的行对象。若 index 等于表中的行数,则新行将被附加到表的末尾。如果表是空的,则新行将被插入一个新的＜tbody＞ 段,该段自身会被插入表中。若参数 index 的值小于－1 或大于表中的行数,该方法将抛出 DOMException 异常。

table.insertRow(),默认添加到最后一行。统计行数:table.rows.length。

cells 保存着＜tr＞元素中单元格的 HTMLCollectioin 集合;insertCell(pos)向 cells 集合的指定位置插入一个单元格,并返回引用;row.insertCell(),默认添加到最后一列,还可以根据需要动态改变单元格的属性。统计列数:table.rows.item(0).cells.length。

【例 5-2】 动态添加行与列,代码如下:

布局如下:

```
<table id="cj" border="1">
<tr>
<th>用户名</th>
<th>次数</th>
<th>积分</th>
</tr>
</table>
<input type="button" onclick="insRow()" value="插入行">
<input type="button" onclick="changeContent()" value="修改内容">
```

增加 JavaScript 代码如下:

```
<script>
    function insRow(){
    rs=document.getElementById('cj').insertRow(1);
    var c0=rs.insertCell(0);
    var c1=rs.insertCell(1);
    var c2=rs.insertCell(2);
    c0.innerHTML="001";
    c1.innerHTML="5";
    c2.innerHTML="80";
    }
    function changeContent(){
    var c=document.getElementById('cj').rows[1].cells[0];
```

```
        c.innerHTML="006";              //设置单元格的内容
        c.width = "60";                 //设置单元格的宽度
        c.style.backgroundColor = "#ccc";   //设置单元格的背景色
    }
</script>
```

5.2.2 动态删除某行

JavaScript 的表格对象有一个 deleteRow 方法用于删除表格中的指定行,只需要指定行号即可。

(1)table.deleteRow(index),用来删除指定位置的行。

(2)row.deleteCell(index),用来删除指定位置的单元格。

【例 5-3】 动态删除表格中的指定行,代码如下:

布局:

```
<table id="myTable" border="1">
<tr><td>行 1</td> <td><input type="button" value="删除" onclick="deleteRow(this)"></td></tr>
<tr><td>行 2</td><td><input type="button" value="删除" onclick="deleteRow(this)"></td></tr>
<tr><td>行 3</td><td><input type="button" value="删除" onclick="deleteRow(this)"></td></tr>
</table>
```

实现:

```
<script>
function deleteRow(bt){  //实参 this 指当前被单击的按钮,两次 parentNode 获取到按钮对应的行对象
    var i=bt.parentNode.parentNode.rowIndex;           //rowIndex 指行的索引
    document.getElementById('myTable').deleteRow(i);    //根据索引删除指定行
}
</script>
```

5.3 数组(Array)对象

数组就是一组数据的集合,在内存中(堆内存)表现为一段连续的内存地址。创建数组的最根本目的是保存更多的数据。数组是对象类型,数组对象是使用单独的变量名来存储一系列的值,有多种预定义的方法以方便程序员使用。

5.3.1 数组的创建与访问

1. 数组的创建

创建数组的方法有很多,可以用关键字 new 新建一个数组对象,示例如下:

var myColor=new Array("红色","绿色","蓝色");

更常用的方式是使用字面量方式,这种声明方式会更快而且代码更少,示例如下:

var arr = ["one","two","three"];

2. 数组的访问

JavaScript 中数组元素通过下标来识别,这个下标序列从 0 开始计算。通过数组的下标可以引用数组元素。

为数组元素赋值,其语法规则是:数组变量[i]=值;

取值的语法规则是:变量名=数组变量[i];

示例如下:

var aFruit = ["apple","pear","peach"];
alert(aFruit[1]);   //输出 pear

5.3.2 数组对象的常用属性与方法

下面介绍数组对象常用属性与方法的应用:

1. 数组对象中的 length 属性

数组只有一个属性:length,length 表示的是数组所占内存空间的大小,而不仅仅是数组中元素的个数,改变数组的长度可以扩展或者截取所占内存空间的大小。示例如下:

var aFruit = ["apple","pear","peach"];
aFruit[20] = "orange";
alert(aFruit.length + " " + aFruit[10] + " " + aFruit[20]);   //输出:21 undefined orange

用 length 属性可以清空数组,同样还可用它来截断数组,示例如下:

aFruit.length=0;   //清空数组
aFruit.length=2;   //截断数组

2. 数组对象中的常用方法

假设定义以下数组:

var a1=new Array("a","b","c");
var a2=new Array("y"," x","z");

数组的常用方法见表 5-3。

表 5-3　　　　　　　　　　数组的常用方法

方法名称	意义	示例
toString()	把数组转换成一个字符串	var s=a1.toString();结果 s 为 a,b,c
join(分隔符)	把数组转换成一个用符号连接的字符串	var s=a1.join("+");结果 s 为 a+b+c
shift()	将数组头部的第一个元素移出	var s=a1.shift();结果 s 为 a
unshift()	在数组的头部插入一个元素	a1.unshift("m","n"); 结果 a1 中为 m,n,a,b,c
pop()	从数组尾部删除一个元素,返回移除的项	var s=a1.pop(); 结果 s 为 c
push()	把一个元素添加到数组的尾部,返回修改后数组的长度	var s=a1.push("m","n"); 结果 a1 为 a,b,c,m,n,同时 s 为 5
concat()	合并数组	var s=a1.concat(a2); 结果 s 数组内容为:a,b,c,y,x,z
slice()	返回数组的部分	var s=a1.slice(1,3);结果 s 为 b,c
splice()	插入、删除或者替换一个数组元素	a1.splice(1,2);结果 a1 为 a

(续表)

方法名称	意义	示例
sort()	对数组进行排序操作(默认按字母升序)	a2.sort();结果为 x,y,z
reverse()	将数组反向排序	a2.reverse();结果为 z,y,x

splice()语法格式如下:
array.splice(index,howmany,item1,…,itemX)

splice()是修改数组的万能方法,主要用途是向数组的中部插入项。其中 index 是必需的,该参数是开始插入和(或)删除的数组元素的下标,必须是数字;howmany 也是必需的,规定应该删除多少元素,必须是数字,但可以是 0,如果未规定此参数,则删除从 index 开始到原数组结尾的所有元素;item1,…,itemX 是可选的,要添加到数组的新元素。

删除:splice()可以删除任意数量的项,只需指定 2 个参数。示例如下:
splice(0,2)　　　　//会删除数组中的前两项。只删除,不添加,返回被删除的元素

插入:splice()可以向指定位置插入任意数量的项,只需提供 3 个参数:起始位置,0(要删除的项数为 0 个)和要插入的项。如果插入多个项,可以再传入第 4 个、第 5 个或更多个参数。示例如下:
splice(2,0,"red","green")　　//只添加,不删除,返回[],因为没有删除任何元素

替换:splice()可以向指定位置插入任意数量的项。同时删除任意数量的项,只需指定:起始位置,要删除的项数和要插入的项(插入的项不必要和删除的项相等)。示例如下:
splice(2,1,"red","green")会删除数组位置 2 的项,然后从 2 的位置插入字符串"red"和"green"。

splice()方法可实现元素替换,完整的示例代码如下:
var arr = ['Microsoft', 'Apple', 'Yahoo', 'AOL', 'Excite', 'Oracle'];
//从索引 2 开始删除 3 个元素,然后再添加两个元素:
var s = arr.splice(2, 3, 'Google', 'Facebook');
//s 是 splice 方法返回的被删除的元素:['Yahoo', 'AOL', 'Excite']
//arr 的值是:['Microsoft', 'Apple', 'Google', 'Facebook', 'Oracle']

【例 5-4】 数组元素的引用与属性、方法的使用,核心代码如下:
```
<script>
var aFruit = ["apple","pear","peach","orange"];
document.write(aFruit+'<br>');                    //输出:apple,pear,peach,orange
document.write(aFruit.reverse().toString());      //输出:orange,peach,pear,apple
var sFruit = "apple,pear,peach,orange";
var aFruit = sFruit.split(",");
document.write(aFruit.join("--"));                //输出:apple--pear--peach--orange
</script>
```

【例 5-5】 实现中国体育彩票 11 选 5 基础版:随机生成范围为 1~11 不重复的 5 个数作为开奖号码,效果如图 5-9 所示。编写函数 add()添加数组元素为随机数,函数中使用 for…in 遍历数组,新随机数若和数组中已有的数据重复,则使用"return;"语句返回,不存储重复的数据。循环调用函数直到数组长度为 5,并使不足 10 的数字补 0,最后使用

toString()或join("")方法输出数组。

图 5-9 开奖号码基础版输出效果图

代码如下：

```
<!DOCTYPE html>
<html>
<head>
<meta charset="utf-8">
<meta name="viewport" content="width=device-width,initial-scale=1,user-scalable=no"/>
<title>体彩</title>
</head>
<body>
<img src="img/tc.png"/>
<script>
var arr=[];
function add(){
    number=Math.floor(Math.random()*11+1);
    for(x in arr){
        if(arr[x] == number){
            return;
        }
    }
    if(number<10){
        number = '0' + number;          //不足10的数字前补0
    }
    arr.push(number);
}
/*join("")方法输出数组*/
```

```
document.write("<h2 style='color:firebrick;'>本期幸运号码:",arr.join("  "),"</h2>");
    </script>
</body>
</html>
```

案例中的 for 语句可以用 do...while 循环语句实现同样效果,可以改为如下:

```
do{
    add();
}while(arr.length<5);
```

【例 5-6】 实现北京每月平均相对湿度动态展示,效果如图 5-10 所示。

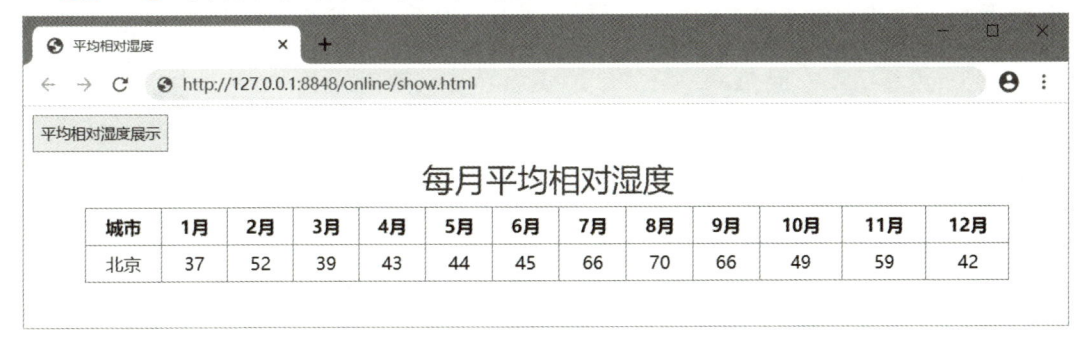

图 5-10　每月平均相对湿度动态展示效果

代码如下:

```
<!DOCTYPE html>
<html>
<head>
<meta charset="utf-8">
<title>平均相对湿度</title>
<style>
table{
    margin:auto;
    width:90%;
    border-collapse:collapse;
}
caption{
    font-size:28px;
    line-height:50px;
    color:blue;
}
th,td,input{
    border:1px solid #00a40c;
    padding:6px;
    text-align:center;
}
</style>
```

```
</head>
<body>
<input type="button" onclick="insRow()" class="btn" value="北京平均相对湿度展示">
<table id="sd">
<caption>北京每月平均相对湿度</caption>
<tr>
<th>城市</th><th>1月</th> <th>2月</th><th>3月</th><th>4月</th>
<th>5月</th> <th>6月</th> <th>7月</th><th>8月</th><th>9月</th>
<th>10月</th> <th>11月</th> <th>12月</th>
</tr>
</table>
<script type="text/javascript">
var sd=[37,52,39,43,44,45,66,70,66,49,59,42,51];
function insRow(){
    rs=document.getElementById('sd').insertRow(1);
    rs.insertCell(0).innerHTML="北京";
    for(var i=0;i<12;i++){                //for语句实现循环赋值
        rs.insertCell(i+1).innerHTML=sd[i];
    }
}
</script>
</body>
</html>
```

5.3.3　定时器函数

JavaScript 定时器有以下两个方法：

(1) setInterval()：按照指定的周期(以毫秒计)来调用函数或计算表达式。该方法会不停地调用函数，直到 clearInterval() 被调用或窗口被关闭。

setInterval() 函数用法如下：

setInterval()("调用函数","周期性执行代码之间的时间间隔")

function hello(){ alert("hello"); }

重复执行某个方法：

var t1= window.setInterval("hello()",3000);

去掉定时器的方法：

window.clearInterval(t1);或 clearInterval(t1);

(2) setTimeout()：在指定的毫秒数后调用函数或计算表达式。

setTimeout() 函数用法如下：

setTimeout("调用函数","在执行代码前需等待的毫秒数")

只执行一次，3秒后显示一个警告框：

var t=setTimeout(function(){alert("Hello")},3000)

实现循环调用需要把 setTimeout 定时器函数写在被调用函数里面。

关闭定时器的用法：clearTimeout(t)；其中，t 为 setTimeout()函数返回的定时器对象。

【例 5-7】 实现随机叫号功能，效果如图 5-11、图 5-12 所示。

```html
<!DOCTYPE html>
<html>
<head>
<meta charset="utf-8">
<title></title>
<style>
body,button{
    font-size:5rem;
}
</style>
</head>
<body>
<div id="show"> </div>
<button onclick="stop()">停</button>
<script type="text/javascript">
var show=document.getElementById("show")
var Id=null;
function R(){
    var num= Math.floor(1 + Math.random() * 100);
    show.innerHTML=num;
    Id=setTimeout("R()",160);
}
R();
function stop(){
    clearTimeout(Id);                       //关闭定时器
}
</script>
</body>
</html>
```

69　　**91**

停　　　停

图 5-11　数字跳动展示 　　图 5-12　单击"停"后停止跳动，数字号停留在页面

采用这个思路还可以做出实现中国体育彩票 11 选 5 跳动展示效果，流程图如图 5-13 所示，同学们可以尝试制作。

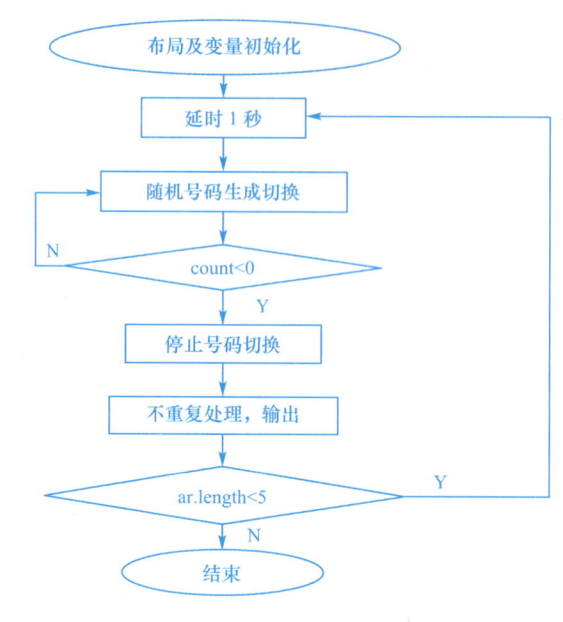

图 5-13　11 选 5 跳动展示功能流程图

5.4　字符串(String)对象

字符串对象是 JavaScript 最常用的内置对象,从用户输入获取的值基本都是字符串形式。

5.4.1　使用字符串对象

当使用字符串对象时,并不一定需要用关键字 new。任何一个变量,如果它的值是字符串,那么,该变量就是一个字符串对象。因此,下述两种方法产生的字符串变量效果是一样的。

var mystring="this sample too easy!";

var mystring=new String("this sample too easy!");

1. 字符串相加

字符串中最常用的操作是字符串相加,前面在介绍运算符时已经提到过,只要直接使用加号"＋"就可以了,示例如下:

var mystring="this sample"+" too easy!";

也可以使用"＋＝"进行连续相加,示例如下:

mystring＋="<br>";

等效于:

mystring= mystring+"<br>";

如果字符串与变量或者数字相加时,需要考虑字符串与整数、浮点数之间的转换。

如果要将字符串转换为整数或者浮点数,只要使用函数 parseInt(s,b)或 parseFloat(s)就可以了,其中 s 表示所要转换的字符串,b 表示要解析的数字的基数(进制数)。

2. 在字符串中使用单引号、双引号及其他特殊字符

JavaScript 的字符串既可以使用单引号,也可以使用双引号,但是,前后必须一致。前后不一致则会导致运算时出错,如:

var mystring='this sample too easy!";

如果字符串中需要加入引号,可以使用与字符串的引号不同的引号,即如果整字符串用双引号,字符串内容就只能使用单引号,或者相反,示例如下:

var mystring='this sample too "easy"!';

也可以使用反斜杠"\",示例如下:

var mystring= "this sample too \"easy!\"";

5.4.2 字符串对象的属性与方法

字符串对象调用属性的规则为:字符串对象名.字符串属性名

字符串对象调用方法的规则如下:字符串对象名.字符串方法名(参数1,参数2,…)

String 对象常用的属性和方法见表 5-4。假设字符串 var myString="this sample too easy!"为例,其中字符串对象的"位置"是从 0 开始,例如,上面 myString 字符串中第 0 位置的字符是"t",第 1 位置的字符是"h",……依次类推。

表 5-4　　　　　　　　String 对象常用的属性和方法

属性与方法名称	意义	示例
length	返回字符串的长度	myString.length;结果为 21
indexOf(要查找的字符串)	要查找的字符串在字符串对象中的位置	myString.indexOf("too");结果为 12
lastIndexOf(要查找的字符串)	要查找的字符串在字符串对象中的最后位置	myString.lastIndexOf("s");结果为 18
substr(开始位置[,长度])	截取字符串	myString.substr(5,6);结果为 sample
substring(开始位置,结束位置)	截取字符串	myString.substring(5,11); 结果为 sample

split([分隔符])	分隔字符串到一个数组中	var a=myString.split();
		document.write(a[5]); //输出为 s
		document.write(a);
		结果为 t,h,i,s, ,s,a,m,p,l,e, ,t,o,o, ,e,a,s,y,!

trim()	移除字符串首尾空白	var str = " Hello World! ";
		document.write(str);
		document.write(str.trim());

replace(需替代的字符串,新字符串)	替代字符串	myString.replace("too","so"); 结果为 this sample so easy!
toLowerCase()	变为小写字母	本串使用本函数后效果不变,因为原本都是小写
toUpperCase()	变为大写字母	myString.toUpperCase(); 结果为 THIS SAMPLE TOO EASY!

5.4.3 字符串对象应用案例

字符串对象最常用的方法是 indexOf()方法,其用法为:字符串对象.indexOf("查找的字符或字符串",查找的起始位置)。如果找到了,则返回找到的位置,如果没找到,则返回 −1。

【例 5-8】 字符串对象常用方法的应用。

```
var s= "Programming Language";
document.write(s.indexOf("r")+"<br>");              //从前往后,输出 1
document.write(s.indexOf("r",3)+"<br>");            //可选的整数参数,从第几个字符开始往后找,
                                                      输出 4
document.write(s.lastIndexOf("r")+"<br>");          //从后往前,输出 4
document.write(s.lastIndexOf("r",3)+"<br>");        //可选的整数参数,从第几个字符开始往前找,
                                                      输出 1
document.write(s.lastIndexOf("V")+"<br>");          //大写"V"找不到,返回−1,输出−1
//substring()方法返回的子串包括开始处的字符,但不包括结束处的字符
document.write(s.substring(1,3) + "<br>");          //输出 ro
document.write(s + "<br>");                         //不改变原字符串,输出 Programming Language
document.write(s.substr(1,3) + "<br>");             //输出 rog
document.write(s + "<br>");                         //输出 Programming Language
```

5.5 JavaScript 正则表达式

正则表达式(Regular Expression,缩写为 RegExp)是使用单个字符串来描述、匹配一系列符合某个句法规则的字符串搜索模式。正则表达式主要用来验证客户端的输入数据,可以节约大量服务器端的系统资源,并且提供更好的用户体验。

5.5.1 正则表达式中常用符号

正则表达式中的方括号用于查找某个范围内的字符,见表 5-5。

表 5-5　　正则表达式中方括号的应用

表达式	描述
[abc]	查找方括号之间的任何字符
[^abc]	查找任何不在方括号之间的字符
[0-9]	查找任何从 0 至 9 的数字
[a-z]	查找任何从小写 a 到小写 z 的字符
[A-Z]	查找任何从大写 A 到大写 Z 的字符

正则表达式中常用元字符的含义见表 5-6。

表 5-6　　　　　　　　　正则表达式中常用元字符的含义

表达式	描述
.	匹配除换行符以外的任意字符
\w	匹配字母或数字或下划线
\s	匹配任意的空白符
\d	匹配数字
\b	匹配单词的开始或结束
^	匹配字符串的开始
$	匹配字符串的结束

正则表达式中常用限定符的含义见表 5-7。

表 5-7　　　　　　　　　正则表达式中常用限定符的含义

表达式	描述
*	重复零次或更多次
+	重复一次或更多次
?	重复零次或一次
{n}	重复 n 次
{n,}	重复 n 次或更多次
{n,m}	重复 n 到 m 次

正则表达式中常用反义词的含义见表 5-8。

表 5-8　　　　　　　　　正则表达式中常用反义词的含义

表达式	描述
\W	匹配任意不是字母,数字,下划线,汉字的字符
\S	匹配任意不是空白符的字符
\D	匹配任意非数字的字符
\B	匹配不是单词开头或结束的位置
[^xy]	匹配除了 xy 以外的任意字符

示例:/^[0-9]+abc$/

此正则表达式中的^为匹配输入字符串的开始位置;中括号[ ]匹配方括号中的任意字符,[0-9]+匹配多个数字,[0-9]匹配单个数字,+匹配一个或者多个数字;abc$匹配以 abc 结尾的输入字符串,$为匹配输入字符串的结束位置。示例中的正则表达式表示匹配数字开头,字符串 abc 结尾的输入字符串。可以匹配 123abc、56789abc 等,但不匹配 123a,因为它包含的字母不够,也不匹配 123abc$,因为它包含特殊字符。

示例:/^abc{3}$/ 表示 abccc(表示 c 重复 3 次,距离次数最近的字母)。

字符转义:如果想查找元字符本身的话,比如查找". "或者" * "问题就出现了:没办法指定它们,因为它们会被解释成别的意思。这时就得使用"\"来取消这些字符的特殊意义。因此,应该使用"\."和"\ *"。当然,要查找"\"本身,也得用"\\",如:"unibetter\.com"匹配

"unibetter.com"、"C:\\Windows"匹配"C:\Windows"。

分组:要想重复单个字符,直接在字符后面加上限定符就行了;要想重复多个字符,可以用小括号来指定子表达式(也叫作分组),然后就可以指定这个子表达式的重复次数了。

示例:/^(abc){3}$/表示 abcabcabc(把字母用小括号包裹起来当作一个整体,重复三次)。

5.5.2 正则表达式对象常用方法

正则表达式相关的常用方法:test()和 exec(),功能基本相似,用于测试字符串匹配。

test():返回一个布尔值,它表示在字符串中查找是否匹配指定的正则表达式。如果存在则返回 true,否则就返回 false。

exec():用于在字符串中查找匹配指定正则表达式,并返回包含该查找结果的一个数组。如果执行失败,则返回 null。

使用字面量方式的 test 方法,使用一条语句实现正则匹配,示例如下:

```
alert(/gift/i.test('This is a Gift order!'));        //返回 true
alert(/^[0-9]+abc$/.test('123abc'));                 //返回 true
alert(/^[0-9]+abc$/.test('56789abcd'));              //返回 false
```

使用 exec 返回匹配数组:

```
var pattern = /gift/i;
var str = 'This is a Gift order!';
alert(pattern.exec(str));                            //匹配了返回数组,否则返回 null
```

string 对象一些和正则表达式相关的方法如下:

match():找到一个或多个正则表达式的匹配。

测试正则表达式示例如下:

```
/*使用 match 方法获取匹配数组*/
var pattern = /gift/ig;                              //全局搜索
var str = 'This is a Gift order!,That is a Gift order too';
alert(str.match(pattern));                           //匹配到两个 Gift,Gift
alert(str.match(pattern).length);                    //获取数组的长度
```

5.5.3 表单应用

form(表单)对于每个 Web 开发人员来说应该是再熟悉不过的东西了,它是页面与 Web 服务器交互过程中最重要的信息来源。下面介绍表单及控件的应用。

1. 表单常用的控件值的获取

根据表单 name 属性值和文本框 name 属性值可以访问到文本框对象,再访问文本框的 value 属性就可以得到文本框中的值。这种方式同样应用于密码框,和下拉列表框。如下:

表单名称.控件名称.value

2. 实现 form 表单提交的 onclick 和 onsubmit

type="submit 和 type="reset",分别是"提交"和"重置"按钮。submit 的主要功能是将 form 中所有内容提交到 action 页处理,reset 则是快速清空所有填写的内容。在表单中加上 onsubmit="return false;"可以阻止表单提交。

onsubmit 只能在表单上使用,提交表单前就会触发。onclick 是由普通按钮等控件使用,用来触发单击事件。在提交表单前,一般都会进行数据验证,可以选择在按钮的 onclick 中验证,也可以在表单的 onsubmit 中验证。

3. 表单对象及控件的常用方法

表 5-9、表 5-10 列出了表单及控件对象的常用方法。示例中的 myForm 是一个表单对象。

表 5-9 表单对象常用方法

方法	意义	示例
reset()	将表单中各元素恢复到缺省值,与单击重置按钮(reset)的效果是一样的	myForm.reset();
submit()	提交表单,与单击提交按钮(submit)的效果是一样的	myForm.submit();

表 5-10 表单控件元素对象的常用方法

方法	意义
blur()	让光标离开当前元素
focus()	让光标落到当前元素上
select()	用于种类为 text、textarea、password 的元素,选择用户输入的内容
click()	模仿鼠标单击当前元素

4. 表单对象常用事件

onfocus:在表单元素得到输入焦点时触发。

onblur:在表单元素失去输入焦点时触发。如:文本框失去焦点时,以下代码将调用 myfun() 函数。

＜input type="text" onblur ="myfun()" ＞

onchange:事件在内容改变且失去焦点时触发。

oninput:监听当前指定元素内容的改变,只要内容改变(添加内容或删除内容)就会触发这个事件。也就是在 value 改变时实时触发,即每增加或删除一个字符时就会触发。该事件常用在文本框等元素的值发生改变时触发。

提示:该事件类似于 onchange 事件。不同之处在于:oninput 事件在元素值发生变化时是立即触发,onchange 在元素失去焦点时触发;另外一点是 onchange 事件也可以作用于 ＜select＞ 元素。

```
document.getElementById("userName").oninput=function(){
    console.log("oninput:"+this.value);
}
```

oninvalid:当验证不通过时触发。可以使用 setcustomValidity() 方法设置默认提示信息。

```
document.getElementById("userPhone").oninvalid=function(){
    this.setCustomValidity("请输入合法的 11 位手机号");
}
```

5.6 本地存储

5.6.1 Web 存储简介

关于 Web 存储(Web Storage),HTML 官方建议是每个网站 5 MB,有一些浏览器还可以让用户设置,IE 在 8.0 的时候就支持了。Web 存储带来的好处如下:

(1)减少网络流量:一旦数据保存在本地后,就可以避免再向服务器请求数据,因此减少不必要的数据请求,减少数据在浏览器和服务器间不必要的来回传递。

(2)快速显示数据:从本地读数据比通过网络从服务器获得数据快得多,本地数据可以即时获得,再加上网页本身也可以有缓存,因此,如果整个页面和数据都在本地就可以立即显示。

(3)临时存储:很多时候数据只需要在用户浏览一组页面期间使用,关闭窗口后数据就可以丢弃了,这种情况使用 sessionStorage 非常方便。

5.6.2 Web 存储的使用

在 HTML5 中,Web 存储(Web Storage)是一个 window 的属性,包括 localStorage 和 sessionStorage。localStorage(本地存储),可以长期存储数据,没有时间限制,一天、一两年甚至更长,数据都可以使用;sessionStorage(会话存储),只有在浏览器被关闭之前使用,创建另一个页面时同样可以使用,关闭浏览器之后数据就会消失。因此,sessionStorage 不是一种持久化的本地存储,仅仅是会话级别的存储。localStorage 用于持久化的本地存储,除非主动删除数据,否则数据是永远不会过期的。HTML5 两种存储技术的最大区别就是其生命周期:localStorage 是本地存储,存储期限不限;sessionStorage 是会话存储,页面关闭后,数据就会丢失。

HTML5 的本地存储 API 中的 localStorage 与 sessionStorage 在使用方法上是相同的。这里以 localStorage 为例,介绍 HTML5 的本地存储,localStorage 使用键值对的方式进行数据存取,存取的数据只能是字符串。使用方法如下:

```
localStorage.setItem("key","value")        //存储
localStorage.getItem("key")                //按 key 进行取值
localStorage.removeItem("key")             //删除单个值
```

【例 5-9】 localStorage 的应用,在文本框输入名字,文本框失去焦点时页面跳转,使用 location 导航到新页面,输出欢迎信息! 运行效果如图 5-14、图 5-15 所示,输入信息的页面代码如下:

```
<!DOCTYPE html>
<html>
<head>
<meta charset="utf-8">
<title>登录</title>
</head>
<body>
```

```
请输入姓名：<input id="me"/>
<script type="text/javascript">
var me = document.getElementById("me");
me.onblur = function() {
    localStorage.setItem("name", this.value);   //存储变量名为 name,值为文本框 value 属性的值
    location = "wel.html";                       //页面跳转
}
</script>
</body>
</html>
```

欢迎页面 wel.html 代码如下：

```
<!DOCTYPE html>
<html>
<head>
<meta charset="utf-8">
<title>欢迎</title>
</head>
<body>
欢迎光临！<span id="show"></span>
<script type="text/javascript">
var name=localStorage.getItem("name");           //获取存储的变量 name 的值
document.getElementById("show").innerHTML=name;
</script>
</body>
</html>
```

图 5-14 输入时界面效果

图 5-15 文本框失去焦点后跳转到欢迎页面界面效果

5.7 jQuery 简介

jQuery 是一款免费且开放源代码的轻量级 JavaScript 代码库。使用之前需要引用 jQuery 库文件。

jQuery 主旨：以更少的代码，实现更多的功能，即 Write Less, Do More。

主要功能：控制 DOM、CSS；处理页面事件，响应用户的交互操作；大量插件在页面中应用；完美结合 Ajax，无须刷新页面从服务器获取信息；为页面添加动态效果。

风格：美元符号 $；事件操作链式写法，使得代码更简洁。

jQuery 环境配置

5.7.1 jQuery 工厂函数

jQuery 程序中不管是页面元素的选择、内置的功能函数,都是美元符号"$"来起始的。而这个"$"就是 jQuery 当中最重要且独有的对象。$()等效于 jQuery(),称为 jQuery 工厂函数,它是 jQuery 的核心函数,使用工厂函数 $()可以将 DOM 元素转化为 jQuery 对象。使用 $(document)将 DOM 元素 document 转化为 jQuery 对象,并调用 ready 方法指定 DOM 加载就绪时执行的函数。$(document).ready()是整个 jQuery 运行的核心。

如果在文档没有完全加载之前就运行函数,操作可能失败。为了防止文档在完全加载(就绪)之前运行 jQuery 代码,使用文档就绪事件。

语法格式如下:

$(document).ready(function(){//代码段});

$(function(){//代码段});

上述两种写法功能是一样的,第二种是第一种的简写方式,功能类似于 JavaScript 中的 window.onload=function(){};但是 JavaScript 中 onload 没有简写方式,此外区别还有:

执行时间不同,jQuery 是在页面架构加载完毕后执行,而 JavaScript 的 window.onload 是在页面全部加载完后执行(包括图像等),显然,前者执行效率更高些。

执行数量不同,它们都可以执行多次,但是 jQuery 每次都会有输出结果,其中注册的函数会按照(代码中的)先后顺序依次执行;而 window.onload 只会有一次输出结果,如果有第二次,那么第一次的执行会被覆盖。

5.7.2 jQuery 选择器

选择器是 jQuery 的根基,在 jQuery 中,事件处理、遍历 DOM 和 Ajax 操作都依赖选择器。选择器就是帮我们准确地找到想要修饰的元素。

jQuery 常用选择器的应用

jQuery 选择器相对于 JavaScript 的选择函数写法更加简单,其中通过 id 属性值获取 HTML 元素可以用 $("#id")代替 document.getElementById();通过样式类获取 HTML 元素可以用 $(".className")代替 document.getElementsByClassName();通过标签名获取 HTML 元素可以用 $("TagName")代替 document.getElementsByTagName();其他的选择器也有类似的简便写法。

通过工厂函数 $()可以返回选择器对象,能够生产对象。传入的参数不同,可以产生不同的选择器。常用的基本选择器见表 5-11,类似于 CSS 选择器。

表 5-11　　　　　　　　　　　基本选择器

选择器	描述	CSS 模式	jQuery 示例
#id	根据给定的 id 属性值匹配一个元素	#test{}	$("#test")选取 id 为 test 的元素
.class	根据给定的类名匹配元素	.test{}	$(".test")选取所有 class 为 test 的元素
element	根据给定的元素名匹配元素	p{}	$("p")选取所有的<p>元素
element[attribute]	选取拥有此属性的元素	a[href $=".pdf"]{}	$('a[href $=".pdf"]')选择页面中所有 PDF 文档链接
element:position	匹配符合标签中相应位置的元素	p:first-child{}	选取第一个元素 $("p:first")

(续表)

选择器	描述	CSS 模式	jQuery 示例
$("ancestor descendant")	选取 ancestor 元素里的所有 descendant 后代元素	div span{}	$("div span")选取<div>里的所有的<span>元素
$("parent>child")	选取 parent 元素下的 child 子元素,$("ancestor> descendant")选择的是所有 descendant 子元素	div > span {}	$("div > span")选取<div>元素下元素名是<span>的子元素

5.7.3 创建 jQuery 应用

jQuery 语法是通过选取 HTML 元素,并对选取的元素执行某些操作。

语法格式如下:

$(selector).action()

美元符号定义 jQuery;选择符(selector)选取 HTML 元素;jQuery 的 action() 执行对元素的操作。

jQuery 常用方法见表 5-12～表 5-15。

表 5-12　　　　　　　　　jQuery 常用的遍历函数

函数	说明
.find()	获得当前匹配元素集合中每个元素的后代,由选择器进行筛选
.eq()	返回带有被选元素的指定索引号的元素。eq(index) 获取第 N 个元素(index 的值从 0 算起),如果 index 为负数,从最后一个元素向前计数 $("p").eq(1)
.next()	获得匹配元素集合中每个元素紧邻的同辈元素
.nextAll()	获得匹配元素集合中每个元素之后的所有同辈元素,由选择器进行筛选(可选)
.nextUntil()	获得每个元素之后所有的同辈元素,直到遇到匹配选择器的元素为止
.not()	从匹配元素集合中删除元素
.parent()	获得当前匹配元素集合中每个元素的父元素,由选择器筛选(可选)
.prev()	获得匹配元素集合中每个元素紧邻的前一个同辈元素,由选择器筛选(可选)
.prevAll()	获得匹配元素集合中每个元素之前的所有同辈元素,由选择器进行筛选(可选)
.prevUntil()	获得每个元素之前所有的同辈元素,直到遇到匹配选择器的元素为止
.siblings()	获得匹配元素集合中所有元素的同辈元素,由选择器筛选(可选)
.slice()	将匹配元素集合缩减为指定范围的子集

表 5-13　　　　　　　　　获取和设置函数说明

函数	说明
val()	获取第一个匹配元素的 value 值,如:$("#txt1").val()
val(val)	为匹配的元素设置 value 值,如:$("#txt1").val("txt1")
html()	获取第一个匹配元素的 html 内容,如:$("#dv1").html()
html(val)	设置每一个匹配的元素的 html 内容,如:$("#dv1").html("this is a div")
text()	取得所有匹配文本节点的内容,并将其连接起来,如:$("div").text()
text(val)	将所有匹配元素的值置为 val,如:$("div").text("divs")

表 5-14　　　　　　　　　　jQuery 操作 CSS 常用的方法

函数	说明
addClass(classes)	为每个匹配的元素添加指定的类名，如：$("input").addClass("colorRed borderBlack")
.hasClass()	检查当前的元素是否含有某个特定的类，如果有则返回 true，如：alert($("input").hasClass("borderBlack"))
removeClass([classes])	从匹配元素中移除所有或指定的 CSS 类，如：$("input").removeClass("colorRed borderBlack")
toggleClass(classes)	如果存在(不存在)就删除(添加)指定类，如：$("input").toggleClass("colorRed borderBlack")
css(name)	访问第一个匹配元素的样式属性，如：$("input").css("color")
css(properties)	把一个"名/值"对设置给所有匹配元素的样式属性，如：$("input").css({border:"solid 3px silver",color:"red"})
css(name,value)	为匹配的元素设置同一个样式属性，如果是数字，将自动转换为像素值，如：$("input").css("border-width","5")

表 5-15　　　　　　　　　　元素的显示与隐藏

函数	说明
show()	显示元素，同时改变元素的高度、宽度和透明度
hide()	隐藏元素，同时改变元素的高度、宽度和透明度
toggle()	切换隐藏/显示元素，同时改变元素的高度、宽度和透明度
slideDown()	显示元素，只改变元素的高度
slideUp()	隐藏元素，只改变元素的高度
slideToggle()	切换隐藏/显示元素，只改变元素的高度
fadeIn()	显示元素，只改变元素的透明度
fadeOut()	隐藏元素，只改变元素的透明度
fadeToggle()	切换隐藏/显示元素，只改变元素的透明度

【例 5-10】 创建 jQuery 应用，代码如下：

```
<!DOCTYPE html>
<html>
<head>
<meta charset="utf-8">
<title>Sample Page!</title>
</head>
<body>
<p>如果你点我,我就会消失。</p>
<script src="jquery.min.js"></script>
<script>
$(document).ready(function(){          //可以简写成：$(function(){
    $("p").click(function(){ $(this).hide();});
});
```

jQuery 应用的创建

```
</script>
</body>
</html>
```

【例5-11】 jQuery的隐式循环和链式书写,代码如下:

样式:
```
<style>
    .highlight{
        color:red;
    }
</style>
```

布局:
```
<div><span>1</span></div>
<div><span>2</span></div>
<div>3</div>
```

实现:
```
<script src="js/jquery.min.js"></script>
<script type="text/javascript">
$(document).ready(function(){
    $("div").click(function(){
        $(this).toggleClass("highlight")    //切换引用样式类.highlight
        .find('span').html('Hello');        //单击的div中的span元素的内容改为"Hello"
    })
});
</script>
```

隐式循环:例子中所有div元素都会一一绑定click事件。它实现了循环结构的功能,减少了代码量。$()会替换for循环访问一组元素的需求,放到括号中的任何元素都将自动执行循环遍历,并且会保存到一个jQuery对象中。

链式操作:jQuery允许将所有操作连接在一起,以链条的形式写出来,toggleClass()和find(),这两个操作都是针对同一个对象(被单击的div元素),这是jQuery最令人称道、最方便的特点。它的原理在于每一步的jQuery操作,返回的都是同一个jQuery对象,所以不同操作可以连在一起。在这种操作链条中可以包含任意数目的方法调用,因此使用一个语句就可以完成对同一个对象的多种操作,节省了代码量,代码看起来更优雅。

【例5-12】 jQuery实现登录表单简单验证,如图5-16所示。

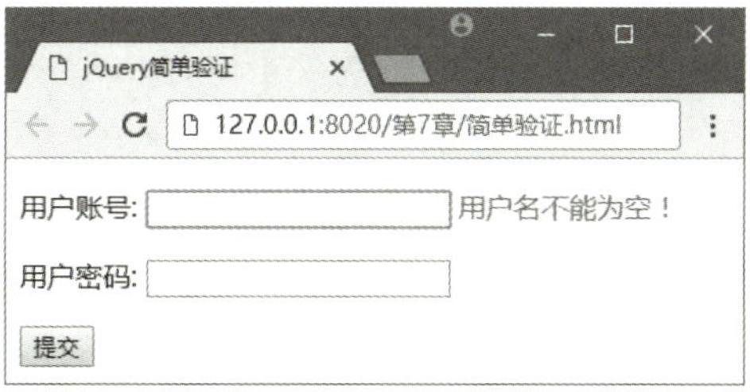

图5-16 jQuery实现登录表单简单验证

代码如下：

布局：

```
<form id="logform">
<p>用户账号：<input type="text" id="userName"/><span id="msg"></span></p>
<p>用户密码：<input type="password"/></p>
<input type="button" value="提交" id="send"/>
</form>
```

实现：

```
$(document).ready(function(){           //在 DOM 加载就绪时绑定一个匿名函数
    $("#userName").focus().blur(function(){
        if($(this).val()==""){          //若用户名为空
            $("#msg").html("用户名不能为空!").css("color","red");  //设置 span 的内容和文本颜色
            $(this).focus();            //将焦点转换到 txtUserName 文本框
        }
    })
});
```

任务实施

1. 任务分析

本项目是采用 HTML5＋CSS3 实现布局，采用 JavaScript 字符串、正则表达式和表单的综合应用。字符串可以实现表单的简单验证，对于邮箱电话之类的验证，单用字符串的方法和属性实现起来比较复杂，验证得不够全面，正则表达式的应用，能更严谨地验证表单。如图 5-1～图 5-6 所示，实现了注册表单的验证功能。使用 setCustomValidity()来改变默认提示。

2. input 控件常用正则验证规则分析

以下示例中，user 变量存储用户名输入框获取的值，email 变量存储邮箱输入框获取的值，phone 变量存储用户手机输入框获取的值，pass 变量存储用户密码输入框获取的值。

验证账号是否合法：/^[a-zA-Z]\w{3,15}$/

验证规则：字母、数字、下划线组成，字母开头，4～16 位。

验证邮箱：/^(\w-*)+@(\w-?)+(\.\w{2,})+$/

验证规则：把邮箱地址分成"第一部分@第二部分"，第一部分由字母、数字、下划线、短线"—"组成，第二部分为一个域名，域名由字母、数字、短线"—"、域名后缀组成，而域名后缀一般为.xxx 或.xxx.xx，一区的域名后缀一般为 2-4 位，如 cn、com、net，现在域名有的也会大于 4 位。

验证手机号码：/^1[3458]\d{9}$/

验证规则：^1[3458]\d{9}$。规则分析：^1 代表以 1 开头，现在中国的手机号没有其他开头的，[3458]紧跟上面的 1 后面，可以是 3 或 4 或 5 或 8 的一个数字，\d{9}中的\d 跟[0-9]意思一样，都是 0-9 中间的数字。{9}表示匹配前面的 9 位数字。

验证密码是否合法：/^\w{4,16}$/

验证规则:字母、数字、下划线组成,字母开头,4～16位。

3. 用户注册的功能实现

用户注册布局效果如图5-17所示,若单击注册按钮,实现如图5-1～图5-6所示的验证效果。

```
<!DOCTYPE html>
<html>
<head>
<meta charset="utf-8">
<title>注册</title>
<style>
.signup-box {
    display: flex;
    flex-direction: column;
    width: 20rem;
    height: 30rem;
    margin: 50px auto;
    padding: 25px;
    border: 1px solid #eee;
    border-radius: 5px;
    box-shadow: 0 0 8px 0 #1E90FF;
}
.signup-box h3 {
    margin: 0;
    font-size: 1.6rem;
}
.signup-form {
    flex: 1;          /* 让所有弹性盒模型对象的子元素都有相同的长度 */
    display: flex;
    flex-direction: column;
    justify-content: space-around;
    margin-top: 20px;
}
input,button {
    box-sizing: border-box;
    height: 40px;
    width: 100%;
    border-radius: 4px;
}
input {
    padding: 2px 10px;
    border: 1px solid #999;
    color: #333;
```

```html
            }
            .bt {
                border: none;
                background: #3498db;
                color: #fff;
                font-size: 1.2rem;
                cursor: pointer;
            }
        </style>
    </head>
    <body>
        <div class="signup-box">
        <h3>注册</h3>
        <form name="regform" class="signup-form">
        用户账号：<input name="user" autofocus required pattern="^[0-9a-zA-Z]\w{2,15}$" oninput="this.setCustomValidity('')" oninvalid="this.setCustomValidity('用户名不少于3位')" placeholder="用户名不少于3位"><br/> <!--setCustomValidity('')参数是一对单引号，即空字符串-->
        用户邮箱：<input type="email" name="email" required pattern="^(\w-*)+@(\w-?)+(\.\w{2,})+$" placeholder="如：web@126.com"><br/>
        手机号码：<input type="tel" name="phone" required pattern="^1[3458]\d{9}$" oninput="this.setCustomValidity('')" oninvalid="this.setCustomValidity('请输入正确的手机号码')" maxlength="11" placeholder="如：13861668188"><br/>
        用户密码：<input type="password" name="pass" required pattern="^\w{6,12}$" oninput="this.setCustomValidity('')" oninvalid="this.setCustomValidity('密码不少于6位')" placeholder="密码不少于6位"><br/>
        确认密码：<input type="password" name="rpass" required placeholder="两次要一致哦" onchange="checkpass()"/><br/>
        <input type="submit" name="sub" class="bt" value="注  册"/>
        </form>
        </div>
        <script type="text/javascript">
            function checkpass() {
                var pass = regform.pass;
                var rpass = regform.rpass;
                if(pass.value != rpass.value) {
                    rpass.setCustomValidity("两次密码输入不一致");
                } else {
                    rpass.setCustomValidity("");
                }
            }
        </script>
    </body>
</html>
```

图 5-17 注册页面效果

4. 拓展：jQuery 实现用户登录的功能实现

jQuery 实现登录严谨验证效果，代码如下：

布局：

```
<form id="logform">
    <p>用户账号：<input type="text" name="username" id="username" /></p>
    <p>用户密码：<input type="password" name="pass" id="pass" /></p>
    <div id="erro" class="pc">登录结果回复：</div>
</form>
```

功能实现：

```
<script src="jquery.min.js"></script>
<script>
function logvalid(){
    var user= $("#username").val();        //获取用户名的输入值
    var pass= $("#pass").val();            //获取密码的输入值
    if(! /^\w{2,20}$/.test(user)){         //验证用户名的格式
        $("#erro").html("用户名格式不正确！").css("color","red");
        $("#username").focus();
        return false;
    }
    if(! /^\w{6,20}$/.test(pass)){         //验证密码的格式
```

```
            $("#erro").html("密码格式不正确!").css("color","red");    //错误提示用红色
            $("#pass").focus();
            return false;
        }
        $("#erro").html("格式正确!").css("color","green");    //正确提示用绿色
        return true;
    }
    if(logvalid()){                                    //若验证成功,保存信息,页面跳转
        localStorage.setItem("name",this.value);
        location = "wel.html";
    }
</script>
```

同步练习

一、理论测试

1. [1,2,3,4].join('0').split('')的执行结果是(   )。
   A. '1,2,3,4'   B. [1,2,3,4]
   C. ["1","0","2","0","3","0","4"]   D. '1,0,2,0,3,0,4'

2. 分析下面的代码,输出的结果是(   )。
   ```
   var arr=new Array(5);
   arr[1]=1;
   arr[5]=2;
   console.log(arr.length);
   ```
   A. 2   B. 5   C. 6   D. 报错

3. 以下代码运行后的结果是输出(   )。
   ```
   var a=[1,2,3];
   console.log(a.join());
   ```
   A. 123   B. 1,2,3   C. 1 2 3   D. [1,2,3]

4. 分析下段代码输出结果是(   )。
   ```
   var arr = [2,3,4,5,6];
   var sum = 0;
   for(var i=1;i< arr.length;i++){
       sum += arr[i]
   }
   console.log(sum);
   ```
   A. 20   B. 18   C. 14   D. 12

5. 在 JavaScript 中,下列说法错误的是(   )。
   A. setInterval()用于在指定的毫秒后调用函数或计算表达式,可执行多次
   B. setImeout()用于在指定的毫秒后调用函数或计算表达式,可执行一次
   C. setInterval()的第一个参数可以是计算表达式也可以是函数变量名
   D. clearInterval()和 clearTimeout()都可以消除 setInterval()函数设置的定时调用

6. var n = "xiao ke tang".indexOf("ke",6); n 的值为(　　)。
A. −1   B. 5   C. 程序报错   D. −10
7. 阅读以下代码,在页面中结果是(　　)。
var　s="abcdefg";
alert(s.substring(1,2));
A. a   B. b   C. bc   D. ab
8. 使用 split("-")方法对字符串"北京-东城区-米市大街 8 号-"进行分割的结果是(　　)。
A. 返回一个长度为 4 的数组
B. 返回一个长度为 3 的数组
C. 不能返回数组,因为最后一个"-"后面没有数值,代码不能执行
D. 能够返回数组,数组中最后一个元素的数值为 null
9. <table></table>标签中定义表格标题的标签是(　　)。
A. <caption>   B. <th>   C. <tr>   D. <td>
10. 在 jQuery 中被誉为工厂函数的是(　　)。
A. function()   B. $()   C. ready()   D. next()
11. 以下选项不能够正确地得到这个标签的是(　　)。
<input class="btn" id="btnGo" type="button" value="单击我"></input>
A. $("＃btnGo")
B. $(".btnGo")
C. $(".btn")
D. $("input[type='button']")
12. 有以下标签:<input id="txtContent" type="text" class="txt" value="张三"/>
请问不能够正确获取文本框里面的值"张三"的语句是(　　)。
A. $("＃txtContent").text()
B. $(".txt").attr("value")
C. $("＃txtContent").attr("value")
D. $(".txt").val()
13. 把所有 p 元素的背景色设置为红色的正确 jQuery 代码是(　　)。
A. $("p").manipulate("background-color","red");
B. $("p").layout("background-color","red");
C. $("p").style("background-color","red");
D. $("p").css("background-color","red");
14. 在 jQuery 中,函数(　　)能够实现元素显示和隐藏的互换。
A. fade()   B. hide()   C. toggle()   D. show()

二、实训内容
1. 页面上随机产生北京、上海、广州、哈尔滨、长春、武汉、沈阳、大连、呼和浩特、成都中的一个。(随机生成数组的下标,并访问对应的数组元素)
2. 为思政网站实现登录验证功能。

3. 实现学生注册验证效果,布局如图 5-18 所示。

图 5-18　学生注册页面效果

任务 6

实现响应式详情页面

学习目标

- 掌握 Bootstrap 的引用，能够使用 HBuilder 编辑器创建基于 Bootstrap 的项目。
- 掌握 Bootstrap 的布局容器。
- 掌握 Bootstrap 的响应式图像的应用。
- 掌握使用 Bootstrap 制作各色按钮，消息提示框等。
- 掌握 Bootstrap 的基础架构，能够使用 Bootstrap 框架实现页面基础布局。

任务描述

本任务是采用 Bootstrap4 布局，实现响应式详情页面，通过 Bootstrap4 巨幕、按钮、响应式图像等的应用展示城市详情，如图 6-1 所示。单击"详情介绍"按钮实现蓝色文字的展示。

(a) 单击按钮前效果 　　　(b) 单击按钮后效果

图 6-1　城市详情页面效果

知识准备

6.1 Bootstrap4 初体验

Bootstrap 是由 Twitter(著名的社交网站)推出的前端开源工具包,Bootstrap 包中提供的内容包括基本结构、CSS、布局组件、JavaScript 插件等。Bootstrap 是全球最受欢迎的前端组件库,用于开发响应式布局、移动设备优先的 Web 项目。Bootstrap4 是一套基于 HTML、CSS 和 JavaScript 开发的简洁、直观、强悍的前端开发框架。Bootstrap4 几乎支持所有主流操作系统上各浏览器的最新稳定版本。不支持 IE9 及其以下版本。

Bootstrap 内置了大量常用界面设计组件,只需要几行代码,就可以为网站带来各种界面与功能。使用 Bootstrap 甚至可以在数秒之内建立一个设计良好的网站首页。之后根据需求,"复制粘贴"所需的组件来构建网站的功能即可。

响应式就是网页能够兼容多个终端的布局方式,而不是为每个终端做一个特定的版本。响应式网页设计已经是如今当之无愧的标准配置了,需要响应式的技术来应对日渐碎片化的屏幕尺寸。所以在利用 Bootstrap 进行响应式 Web 开发时就不需要针对不同的平台终端编写多套代码,这样就大大缩短了开发时间,节约了开发成本。Bootstrap 具有快速开发功能,因为这套框架本身集成了许多组件,同时引入了 12 栏栅格结构的布局理念,使得制作出质量高、风格统一的网页变得十分容易,为不同终端的用户提供更加舒适的界面和更好的用户体验。

终端类型按宽度可以进行大致的划分:移动端是 320px~768x;iPad 是 768px~1280px;PC 端为 1280px 以上。当前常用的各种终端的页面宽度(逻辑像素)如下:

移动端:320px、375px、414px 等。

iPad:768px、834px、1024px 等。

PC 端:1280px、1440px、1920px 等。

Bootstrap 的优势如下:

(1)移动设备优先:自 Bootstrap3 起,移动设备优先的样式贯穿于整个库。

(2)浏览器支持:主流浏览器都支持 Bootstrap,包括 IE、Firefox、Chrome、Safari 等。

(3)容易上手:要学习 Bootstrap,只需读者具备 HTML 和 CSS 的基础知识。

(4)响应式设计:Bootstrap 的响应式 CSS 能够自适应于台式机、平板电脑和手机的屏幕大小。

(5)良好的代码规范:为开发人员创建接口提供了一个简洁统一的解决方案,减少了测试的工作量。使开发人员站在巨人的肩膀上,不重复造轮子。

(6)组件:Bootstrap 包含了功能强大的内置组件。

(7)定制:Bootstrap 还提供了基于 Web 的定制。

6.1.1 Bootstrap4 相关文件的引用

Bootstrap4 可以从官网下载。基于 Bootstrap4 的文档需要引用以下文件:

Bootstrap4 的下载与引用

（1）bootstrap.min.css Bootstrap4 核心样式文件。

（2）jquery.min.js 在 bootstrap.min.js 之前引入 jQuery 文件，因 Bootstrap 依赖于 jQuery。

（3）bootstrap.min.js 最新的 Bootstrap 4 核心 JavaScript 文件。

（4）bootstrap.bundle.min.js 用于弹窗、提示、下拉菜单，包含了 popper.min.js。

对于 Bootstrap 文件夹内提供的 css 和 js 文件夹来说，bootstrap.css 和 bootstrap.js 是没有经过压缩的、可以继续编写和修改的源文件，其体积会比较大，适用于可修改或学习的情况；而带有 min 的 JavaScript 和样式文件是经过压缩后的文件，不能修改。所需的 jQuery 文件可以到 jQuery 官方网站免费下载，也可以通过开发工具来创建，打开"新建 js 文件"对话框，在选择模板里选择第二个"jquery-3.4.1.min"，选择路径并输入文件名，单击"创建"按钮即可，如图 6-2 所示。

图 6-2 创建 jQuery 文件

通常把上面列举的后面 3 个 JavaScript 文件放在 body 的最后。

6.1.2 移动设备优先

Bootstrap4 可以轻松创建响应式，并在移动设备上也能提供友好体验的网站。为了让开发的网站对移动设备友好，确保适当的绘制和触屏缩放，需要在网页的＜head＞＜/head＞标签对中添加 viewport meta 标签，如下所示：

微课 和视口有关的 meta 标签的使用

＜meta name="viewport" content="width=device-width, initial-scale=1"＞

width=device-width 表示宽度是设备屏幕（视口）的宽度。width 属性控制设备的宽度，设置为 device-width 可以确保它能正确呈现在不同设备上。

initial-scale=1 表示初始的缩放比例以 1∶1 的比例呈现，不会有任何的缩放。通常情况下，maximum-scale=1 与 user-scalable=no 一起使用。这样禁用缩放功能后，用户只需滚动屏幕，就能让网站看上去更像原生应用的感觉。

最后的任务实现在移动端的显示效果如图 6-3 所示，在原有的基础上，＜head＞＜/head＞标签对中加上这句代码后就有了如图 6-4 所示的效果，功能一样，但是视觉效果会好很多。

所以所有可能在移动端运行的页面都要加上这句代码。

图 6-3　猜拳游戏移动端效果　　图 6-4　添加 viewport 后猜拳游戏移动端效果

6.1.3　布局容器样式类

Bootstrap 需要一个容器元素来包裹网站的页面内容和网格系统。我们可以使用以下两个容器样式类：

.container 样式类用于固定宽度并支持响应式布局的容器，居中容器。

.container-fluid 样式类用于 100% 宽度，占据全部视口（viewport）的容器。

【例 6-1】　实现 Bootstrap4 布局容器的应用，如图 6-5 所示。

图 6-5　Bootstrap4 两种容器对比效果

代码如下：

```
<!DOCTYPE html>
<html>
<head>
<meta charset="utf-8" />
<title>bootstrap</title>
<meta name="viewport" content="width=device-width, initial-scale=1">
<link rel="stylesheet" href="css/bootstrap.min.css" />
</head>
<body>
```

```
<div class="container" style="border：blue 2px solid;">使用了.container 居中容器</div>
<div class="container-fluid" style="border：blue 2px solid;">
<p>使用了.container-fluid,100% 宽度,占据全部视口(viewport)的容器。</p>
</div>
<script src="js/jquery.min.js"></script>
<script src="js/bootstrap.min.js"></script>
</body>
</html>
```

6.1.4 响应式图像

.rounded 样式类可以让图像显示圆角效果,示例如下：

```
<img src="city.jpg" class="rounded" alt="城市风景">
```

.rounded-circle 样式类可以设置椭圆形图像,示例如下：

```
<img src="city.jpg" class="rounded-circle" alt="城市风景">
```

.img-thumbnail 样式类用于设置图像缩略图(图像有边框),示例如下：

```
<img src="city.jpg" class="img-thumbnail" alt="城市风景">
```

使用.float-right 样式类来设置图像右对齐,示例如下：

```
<img src="city.jpg" class="float-right">
```

图像有各种各样的尺寸,若需要根据屏幕的大小自动适应,可以通过在<img>标签中添加.img-fluid 样式类来设置响应式图像。.img-fluid 样式类设置了 max-width：100%；、height：auto；,示例如下,iPad 中响应式图像效果如图 6-6 所示,手机端响应式图像效果,如图 6-7 所示。

```
<img class="img-fluid img-thumbnail" src="city.jpg" alt="城市风景">
```

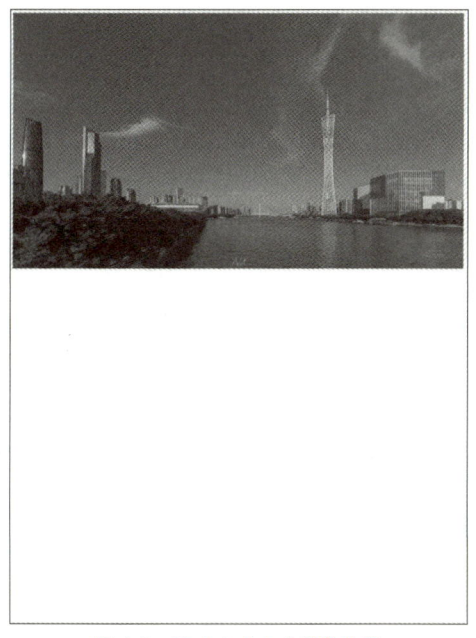

图 6-6　iPad 中响应式图像效果 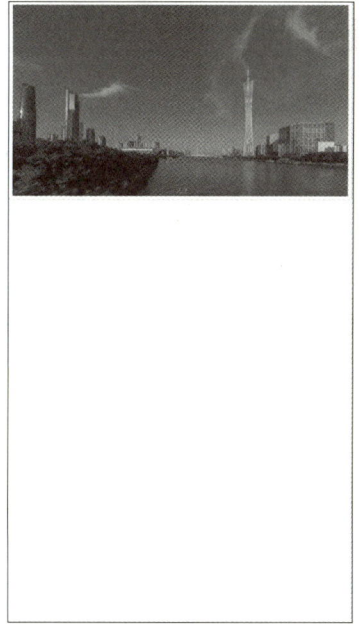　　　　图 6-7　手机端响应式图像效果

6.2 Bootstrap4 颜色设置

6.2.1 Bootstrap4 颜色

1. 文本颜色

Bootstrap4 提供一些有代表意义的颜色样式类，如：.text-muted，.text-primary，.text-success 等，使用示例如下：

```
<div class="container">
    <p class="text-muted">柔和的文本。灰色</p>
    <p class="text-primary">重要的文本。亮蓝色</p>
    <p class="text-success">执行成功的文本。绿色</p>
    <p class="text-info">代表一些提示信息的文本。灰蓝色</p>
    <p class="text-warning">警告文本。橙黄色</p>
    <p class="text-danger">危险操作文本。红色</p>
    <p class="text-secondary">副标题。</p>
    <p class="text-dark">深灰色文字。</p>
    <p class="text-light">浅灰色文本(白色背景上看不清楚)。</p>
    <p class="text-white">白色文本(白色背景上看不清楚)。</p>
</div>
```

2. 背景颜色

Bootstrap4 还提供背景颜色的样式类，如：.bg-primary，.bg-success，.bg-info，.bg-warning 等。可以和文本颜色一起使用，示例如下：

```
<div class="container">
    <p class="bg-primary text-white">重要的背景颜色。亮蓝色</p>
    <p class="bg-success text-white">执行成功背景颜色。绿色</p>
    <p class="bg-info text-white">信息提示背景颜色。灰蓝色</p>
    <p class="bg-warning text-white">警告背景颜色，橙黄色</p>
    <p class="bg-danger text-white">危险背景颜色。红色</p>
    <p class="bg-secondary text-white">副标题背景颜色。灰色</p>
    <p class="bg-dark text-white">深灰背景颜色。</p>
    <p class="bg-light text-dark">浅灰背景颜色。</p>
</div>
```

6.2.2 Bootstrap4 各色按钮

Bootstrap4 提供了不同样式的按钮。下面的代码可以实现一个基本按钮，效果如图 6-8 中第一个按钮所示的默认灰色效果。Bootstrap 支持在<a>、<button>和<input>标签上使用.btn 定义按钮。

```
<button type="button" class="btn">基本按钮</button>
```

如果想更换色彩，加入对应的样式类即可，比如生成一个蓝色的按钮，就在上面代码的基础上加入.btn-primary 样式类，代码如下：

Bootstrap4 各色按钮

```html
<button type="button" class="btn btn-primary">基本按钮</button>
```

按钮样式类可用于＜a＞、＜button＞或＜input＞元素上，效果如图 6-8 中第二个到第五个按钮所示。

图 6-8　Bootstrap4 各种按钮效果

代码如下：
```html
<a href="#" class="btn btn-info" role="button">链接按钮</a>
<button type="button" class="btn btn-info">按钮</button>
<input type="button" class="btn btn-info" value="输入框按钮">
<input type="submit" class="btn btn-info" value="提交按钮">
```

通过添加.btn-outline-*样式类可以设置边框按钮，效果如图 6-8 中倒数第二个按钮所示。

代码如下：
```html
<button type="button" class="btn btn-outline-primary">蓝框按钮</button>
```

通过添加.btn-block 样式类可以设置块级按钮，效果如图 6-8 中最后一个按钮所示。

代码如下：
```html
<button type="button" class="btn btn-primary btn-block">块级按钮</button>
```

Bootstrap4 可以设置按钮的大小，大号按钮引用样式类.btn-lg，小号按钮引用样式类.btn-sm，代码如下：
```html
<button type="button" class="btn btn-primary btn-lg">大号按钮</button>
<button type="button" class="btn btn-primary">默认按钮</button>
<button type="button" class="btn btn-primary btn-sm">小号按钮</button>
```

可以在＜div＞元素上添加.btn-group 类来创建按钮组，效果如图 6-9 左侧所示。

图 6-9　Bootstrap4 按钮组效果

代码如下：
```html
<div class="btn-group">
    <button type="button" class="btn btn-primary">开始</button>
    <button type="button" class="btn btn-primary">暂停</button>
</div>
```

同样可以设置按钮组的按钮大小，大号按钮组引用样式类.btn-group-lg，小号按钮组引用样式类.btn-group-sm,小号按钮组效果如图6-9右侧所示。

代码如下：

```
<div class="btn-group btn-group-sm">
    <button type="button" class="btn btn-primary">开始</button>
    <button type="button" class="btn btn-primary">暂停</button>
</div>
```

6.2.3 Bootstrap4 信息提示框

Bootstrap4信息提示框

Bootstrap4可以很容易实现信息提示框,信息提示框使用.alert样式类,后面加上.alert-success,.alert-info,.alert-warning,.alert-danger,.alert-primary,.alert-secondary,.alert-light或.alert-dark样式类来实现不同色彩的信息提示框,示例如下：

```
<div class="container">
    <div class="alert alert-success"><strong>成功！</strong>指定操作成功提示信息。</div>
    <div class="alert alert-info"><strong>信息！</strong>请注意这个信息。</div>
    <div class="alert alert-warning"><strong>警告！</strong>设置警告信息。</div>
    <div class="alert alert-danger"><strong>错误！</strong>失败的操作</div>
    <div class="alert alert-primary"><strong>首选！</strong>这是一个重要的操作信息。</div>
    <div class="alert alert-secondary"><strong>次要的！</strong>显示一些不重要的信息。</div>
    <div class="alert alert-dark"><strong>深灰色！</strong> 深灰色提示框。</div>
    <div class="alert alert-light"> <strong>浅灰色！</strong>浅灰色提示框。</div>
</div>
```

提示框中在链接的标签上添加alert-link样式类来设置匹配提示框颜色的链接,示例如下：

```
<div class="alert alert-success">
    <strong>成功！</strong>您应该认真阅读 <a href="#" class="alert-link">这条信息</a>。
</div>
```

可以在信息提示框的div中添加.alert-dismissible样式类,然后在实现关闭的按钮上添加class="close"和data-dismiss="alert"样式类来设置提示框的关闭操作。×（×）是HTML实体字符,用来表示关闭操作,而不是字母"x",效果如图6-10所示。

```
<div class="alert alert-success alert-dismissible">
    <button type="button" class="close" data-dismiss="alert">&times;</button>
    <strong>成功！</strong> 指定操作成功提示信息。
</div>
```

图 6-10 信息提示框效果

.fade和.show样式类用于设置提示框在关闭时的淡出过渡效果,添加后用户体验会更好。

```
<div class="alert alert-danger alert-dismissible fade show">
```

6.2.4 Bootstrap4 Jumbotron

Jumbotron(巨幕)会创建一个大的灰色背景框,Jumbotron 里头可以放一些 HTML 标签,也可以是 Bootstrap 的元素。可以通过在<div>元素中添加.jumbotron 样式类来创建 Jumbotron。示例如下,效果如图 6-11 上侧所示,圆角比较小,细看才可以发现。

```
<div class="jumbotron">
<h1>城市风景</h1>
<p>不一样的城市,不一样的风景!!!</p>
</div>
```

图 6-11 Jumbotron 效果

如果想创建一个没有圆角的全屏幕,可以在引用.jumbotron-fluid 样式类的 div 里添加容器 div,并且添加 .container 或.container-fluid 样式类来实现。示例如下,效果如图 6-11 下侧所示。

```
<div class="jumbotron jumbotron-fluid">
<div class="container">
<h1>城市风景</h1>
<p>不一样的城市,不一样的风景!!!</p>
</div>
</div>
```

任务实施

1. 任务分析

本任务是采用 Bootstrap4 布局,实现响应式城市风景详情页面,通过 Bootstrap4 巨幕、按钮、响应式图像等的应用展示城市详情,如图 6-1 所示。单击"详情介绍"按钮实现蓝色文字的展示。

涉及的知识点：Bootstrap4 相关文件的引用，布局容器的使用，文本颜色的使用，按钮及按钮颜色的选择，Jumbotron 的使用实现页眉和页脚。

参考 6.1.3 节的例子添加 Bootstrap4 相关文件的引用及布局容器。参考 6.2.1 节的例子选择文本颜色，参考 6.2.2 节的例子选择文本颜色，选择合适的按钮及按钮的颜色，参考 6.2.4 节的例子使用 Jumbotron 实现页眉和页脚。

2. 城市风景详情页面的自定义样式

对 Jumbotron 增加自定义样式"margin-bottom：0rem；"来去除 Jumbotron 下面的空白，使用自定义样式"text-align：center；"使得内容居中显示。

对所有的段落增加自定义样式"text-indent：2rem；"使得开头有 2 个字的空格。

3. 城市风景详情页面实施过程动态交互功能

实现单击"详情介绍"按钮实现蓝色文字的展示。首先访问到展示文字的容器，即 id 属性值为"demo"的元素，可以通过 getElementById()方法来实现。然后给此元素的 HTML 内容赋值。此元素引用了.text-info 样式类，所以内容会以灰蓝色的字体呈现。

var demo=document.getElementById("demo") 是通过 id 属性值来查找 HTML 元素的 JavaScript 代码。

demo.innerHTML = "淮安地处江苏省长江以北的核心地区，邻江近海，"；是用于修改元素的 HTML 内容（innerHTML）的 JavaScript 代码。

demo.innerHTML += "为南下北上的交通要道，区位优势独特……"；"＋＝"是在原有的内容基础上增加新的内容。

通过 function 关键字定义函数 show()，将上面的赋值语句封装在函数 show()中。

为"详情介绍"按钮绑定单击事件，设置属性 onclick="show()"即可实现单击"详情介绍"按钮实现蓝色文字的展示。

4. 城市风景详情页面整体代码

城市风景详情页面整体代码如下，PC 端效果如图 6-12 所示。

```
<!DOCTYPE html>
<html>
<head>
<meta charset="utf-8">
<meta name="viewport" content="width=device-width, initial-scale=1">
<title>城市风景</title>
<link rel="stylesheet" href="css/bootstrap.min.css">
<style type="text/css">
.jumbotron {
    text-align: center;
    margin-bottom: 0rem;
}
p {
    text-indent: 2rem;
}
```

图 6-12 城市详情页面 PC 端效果

</style>
</head>
<body>
<div class="jumbotron">
<h1>城市风景</h1>
<p>不一样的城市,不一样的风景！！！</p>
</div>
<div class="container">
<h2 class="text-center">淮安</h2>
<p class="text-muted">淮安坐落于古淮河与京杭大运河交点,有中国第四大淡水湖洪泽湖,与扬州等为淮扬菜的主要发源地,是江淮流域古文化发源地之一。</p>
<p class="text-info" id="demo"></p>
</div>
<img src="img/hx.jpg" class="img-fluid img-thumbnail" alt="城市风景">
<h6 class="text-center">淮安人杰地灵</h6>
<div class="jumbotron">

```html
        <button type="button" class="btn btn-primary" onclick="show()">详情介绍</button>
    </div>
    <script type="text/javascript">
        var demo = document.getElementById("demo");
        function show() {
            demo.innerHTML = "淮安地处江苏省长江以北的核心地区,邻江近海,";
            demo.innerHTML += "为南下北上的交通要道,区位优势独特……";
        }
    </script>
    <script src="js/jquery.min.js" type="text/javascript" charset="utf-8"></script>
    <script src="js/bootstrap.min.js" type="text/javascript" charset="utf-8"></script>
    <script src="js/bootstrap.bundle.min.js" type="text/javascript" charset="utf-8"></script>
</body>
</html>
```

同步练习

一、理论测试

1. 下面哪个样式类用于固定宽度并支持响应式布局的容器?(   )

　　A..container　　　　B..center　　　　C..containers　　　　D..containerFluid

2. 下列警告框代码中显示为红色的是(   )。

　　A.<div class="alert alert-success">成功!</div>

　　B.<div class="alert alert-info">信息!</div>

　　C.<div class="alert alert-warning">警告!</div>

　　D.<div class="alert alert-danger">错误!</div>

3. 按钮组大小样式类不含(   )。

　　A..btn-group-lg　　　　　　　　　　B..btn-group-sm

　　C..btn-group-md　　　　　　　　　　D..btn-group-xs

4. 以下不是bootstrap特点的是(   )。

　　A.移动设备优先　　　　　　　　　　B.响应式设计

　　C.包含大量的内置组件,易于定制　　　D.闭源软件

5. 在页面中使用Bootstrap必须引入的文件是(   )。

　　A.boostrap.min.js　　　　　　　　　B.bootstrap.min.css

　　C.bootstrap-theme.css　　　　　　　D.glyphicons-halflings-regular.svg

6. 下面样式类可以改变按钮大小的是(   )。

　　A..btn-lg　　　　B..btn-sm　　　　C..btn-md　　　　D..btn-xs

7. 为了适应移动设备,HTML页面可以用meta标签对viewport进行控制,meta标签内可以控制下面哪些属性?(   )

　　A.initial-scale　　B.user-scalable　　C.max-width　　D.min-width

二、实训内容

1. 实现基于 Bootstrap 的响应式图像效果,如图 6-13 所示。

图 6-13　PC 端的响应式图像效果

2. 实现基于 Bootstrap 商品详情的页面设计与制作。
3. 实现基于 Bootstrap 思政要闻详情的页面设计与制作。

任务 7
实现响应式商品优惠列表

学习目标

- 掌握 Bootstrap 的基础架构，能够使用 Bootstrap 框架实现页面基础布局。
- 掌握使用 Bootstrap 中的网格系统。
- 掌握使用 Bootstrap 制作导航、导航栏、轮播插件、表格等。
- 掌握 Bootstrap 组件的使用及如何将各模块组合成完整的网页。

任务描述

本任务是采用 Bootstrap4 布局，实现响应式商品优惠列表，顶部为导航条，广告轮播图展示，主体内容为商品优惠列表的展示，如图 7-1 所示。

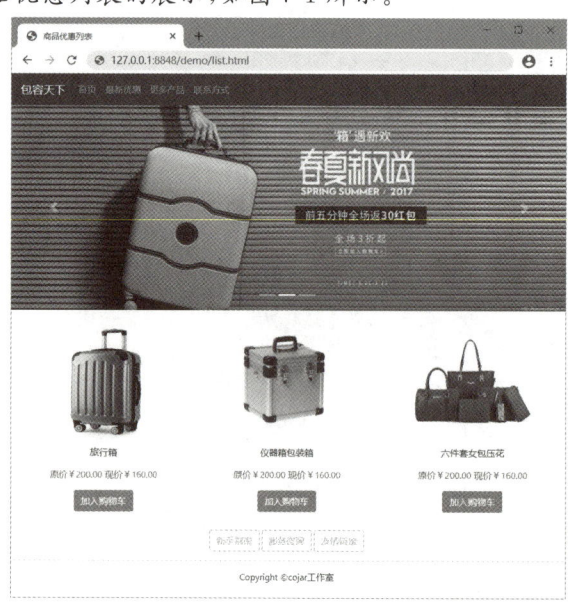

图 7-1 商品优惠列表效果

> 知识准备

7.1 Bootstrap4 网格系统

Bootstrap 提供了一套响应式、移动设备优先的流式网格系统,也称栅格系统。随着屏幕或视口(viewport)尺寸的增加,系统会自动分为最多 12 列。也可以根据自己的需要,定义列数,图 7-2 为网格系统示意图。

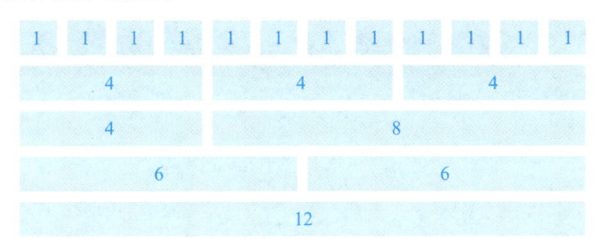

图 7-2 网格系统示意图

Bootstrap4 的网格系统是响应式的,列会根据屏幕大小进行自动调节,这也是响应式的关键所在。在使用网格系统的时候要注意:最外层样式是.container,里面是.row,.row 里面包含的是列(.col-*-*),列里面可以用来填充各种各样的组件。

7.1.1 Bootstrap4 网格样式类

Bootstrap 网格系统的原理如下:

1. 网格每一行需要放在设置了.container(固定宽度)或.container-fluid(全屏宽度)样式类的容器中,这样就可以自动设置一些外边距和内边距。

2. 使用行来创建水平的列组。通过"行(row)"在水平方向创建一组"列(column)",并且,只有"列(column)"可以作为"行(row)"的直接子元素。

3. 行使用样式".row",列使用样式"col-*-*",内容应当放置于"列(column)"内,列大于 12 时,将另起一行排列。

4. Bootstrap 网格系统为不同屏幕宽度定义了不同的样式类。使用这些样式类可以根据大型、小型和中型设备,实现内容在设备上的显示和隐藏。

Bootstrap4 网格系统有以下 5 个样式类:

.col-* 是针对所有设备。

.col-sm-* 是针对平板(屏幕宽度等于或大于 576px)。

.col-md-* 是针对桌面显示器(屏幕宽度等于或大于 768px)。

.col-lg-* 是针对大桌面显示器(屏幕宽度等于或大于 992px)。

.col-xl-* 是针对超大桌面显示器(屏幕宽度等于或大于 1200px)。

7.1.2 Bootstrap4 网格系统的使用

网格的行可以通过跨越指定的 12 个列来创建。如果要设置三个相等的列来平分屏幕,需要使用样式类.row 和三个.col-sm-4,可快速制作网格布局。

Bootstrap3 和 Bootstrap4 最大的区别在于 Bootstrap4 现在使用 Flexbox(弹性盒子)而不是浮动。Flexbox 的一大优势是，没有指定宽度的网格列将自动设置为等宽与等高列。

【例 7-1】 实现在平板及更大屏幕上创建不等宽度的响应式列。

创建一行(<div class="row"></div>)。然后在这一行里面添加需要的列(通过.col-*-*样式类设置)。第一个星号(*)表示响应的设备：sm、md、lg 或 xl，第二个星号(*)表示一个数字，同一行的数字相加为 12。平板及更大屏幕中使用.col-sm-*样式类，在移动设备上，即屏幕宽度小于 576px 时，所有列将会呈现上下堆叠排版效果，通过 Chrome 浏览器模拟屏幕大小，如图 7-3 和图 7-4 所示。

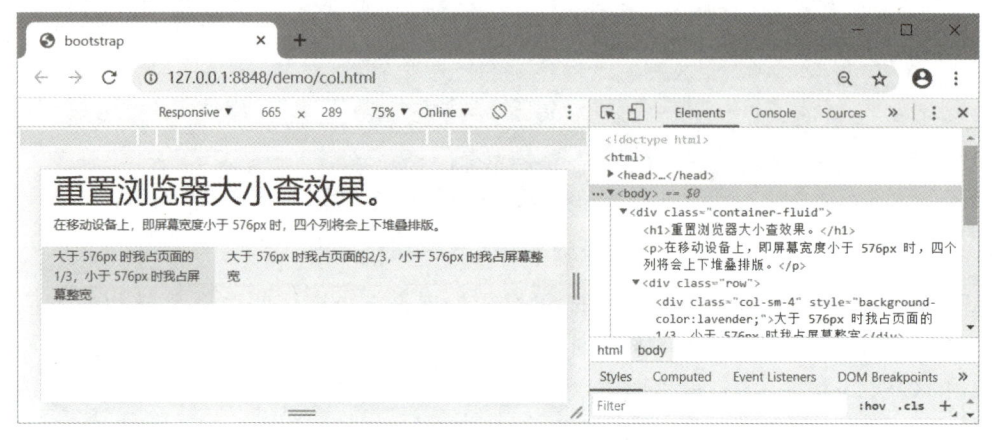

图 7-3　大于 576px 时网格系统效果

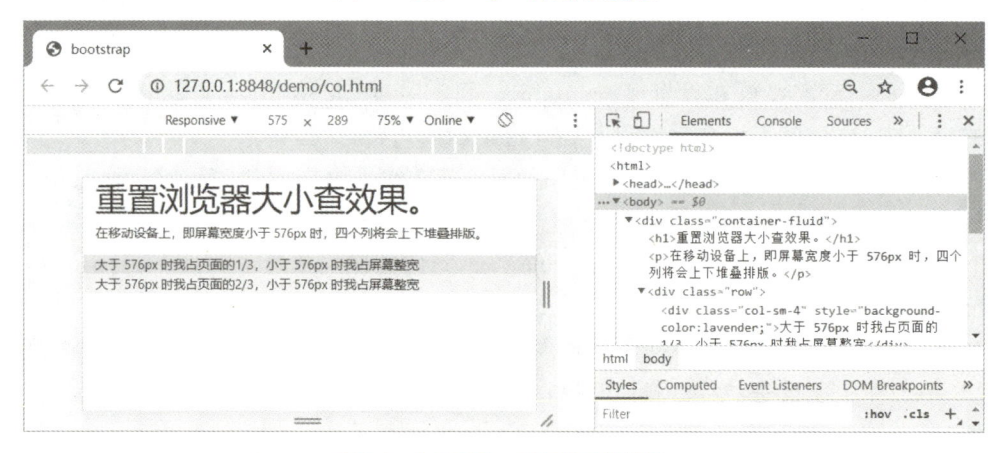

图 7-4　小于 576px 时网格系统效果

代码如下：
<!DOCTYPE html>
<html>
<head>
<meta charset="utf-8" />
<title>bootstrap</title>
<meta name="viewport" content="width=device-width, initial-scale=1">
<link rel="stylesheet" href="css/bootstrap.min.css" />
</head>

```
<body>
<div class="container-fluid">
    <h1>重置浏览器大小查效果。</h1>
    <p>在移动设备上,即屏幕宽度小于576px时,四个列将会上下堆叠排版。</p>
    <div class="row">
        <div class="col-sm-4" style="background-color:lavender;">大于576px时我占页面的1/3,小于576px时我占屏幕整宽</div>
        <div class="col-sm-8" style="background-color:lavenderblush;">大于576px时我占页面的2/3,小于576px时我占屏幕整宽</div>
    </div>
</div>
<script src="js/jquery.min.js"></script>
<script src="js/bootstrap.min.js"></script>
</body>
</html>
```

7.2 Bootstrap4 常用组件

Bootstrap 是一个支持响应式的 UI 框架,它提供了很多组件,如导航栏、面板、表格、form 表单、轮播等,而且这些都是支持响应式的,可以在各种设备上进行完美的展现。

7.2.1 Bootstrap4 导航

本节介绍如何使用 Bootstrap4 制作基础导航,并结合案例来实现基础导航的制作方法。

1. 基础导航

简单的水平导航,可以在 `<ul>` 元素上添加 .nav 样式类,在每个 `<li>` 列表项上添加 .nav-item 样式类,在每个链接上添加 .nav-link 样式类,示例如下:

```
<ul class="nav">
<li class="nav-item"><a class="nav-link" href="#">首页</a></li>
<li class="nav-item"><a class="nav-link" href="#">关于我</a></li>
<li class="nav-item"><a class="nav-link" href="#">我的博客</a></li>
<li class="nav-item"><a class="nav-link" href="#">联系方式</a></li>
</ul>
```

效果如图 7-5 所示。

图 7-5 基础导航

.flex-column 样式类用于创建垂直导航,将上面示例中的第一行代码改为:<ul class="nav flex-column">就可以实现垂直导航。这样的水平导航和垂直导航在博客页面中经常看到,效果如图 7-6 所示。

图 7-6 垂直导航

2.导航对齐方式

对于水平导航还可以设置导航的对齐方式,水平导航默认对齐方式是左对齐,效果如图 7-5 所示。可以通过设置.justify-content-center 样式类使得导航居中显示,还可以通过设置.justify-content-end 样式类使得导航右对齐显示。通过.nav-justified 样式类可以设置导航项齐行等宽显示。导航居中的示例如下,效果如图 7-7 所示。

<ul class="nav justify-content-center">
<li class="nav-item"><a class="nav-link" href="#">首页</a></li>
<li class="nav-item"><a class="nav-link" href="#">关于我</a></li>
<li class="nav-item"><a class="nav-link" href="#">我的博客</a></li>
<li class="nav-item"><a class="nav-link" href="#">联系方式</a></li>
</ul>

图 7-7 导航居中效果

将上面示例中的第一行代码改为:<ul class="nav justify-content-end">就可以实现导航右对齐。效果如图 7-8 所示。

图 7-8 导航右对齐效果

若将上面示例中的第一行代码改为:<ul class="nav nav-justified">就可以实现导航项齐行等宽显示。效果如图 7-9 所示。

图 7-9 导航项齐行等宽显示效果

3. 面包屑导航

Bootstrap 中的面包屑导航是一个简单的带有.breadcrumb 样式类的列表。用列表制作的面包屑导航的示例如下：

＜ol class="breadcrumb"＞
＜li class="breadcrumb-item"＞＜a href="#"＞首页＜/a＞＜/li＞
＜li class="breadcrumb-item"＞＜a href="#"＞风景＜/a＞＜/li＞
＜li class="breadcrumb-item active"＞美食＜/li＞
＜/ol＞

效果如图 7-10 第一个导航所示。

也可以不用列表制作面包屑导航，示例如下：

＜nav class="breadcrumb"＞
＜a class="breadcrumb-item" href="#"＞首页＜/a＞
＜a class="breadcrumb-item" href="#"＞风景＜/a＞
＜a class="breadcrumb-item" href="#"＞美食＜/a＞
＜span class="breadcrumb-item active"＞文化＜/span＞
＜/nav＞

效果如图 7-10 第二个导航所示。

图 7-10 面包屑导航效果

7.2.2 Bootstrap4 选项卡

使用.nav-tabs 样式类可以将导航转化为选项卡，选项卡内容区域使用.tab-content 样式类。对于初始选中的选项使用.active 样式类来标记。制作动态选项卡要在每个链接上添加 data-toggle="tab"属性。然后在每个选项对应的内容上添加.tab-pane 样式类。如果希望有淡入效果可以在.tab-pane 后添加.fade 样式类。

动态选项卡示例如下，效果如图 7-11 所示。

＜ul class="nav nav-tabs"＞
＜li class="nav-item"＞＜a class="nav-link active" data-toggle="tab" href="#fj"＞风景＜/a＞＜/li＞
＜li class="nav-item"＞＜a class="nav-link" data-toggle="tab" href="#menu1"＞美食＜/a＞＜/li＞
＜li class="nav-item"＞＜a class="nav-link" data-toggle="tab" href="#menu2"＞文化＜/a＞＜/li＞
＜/ul＞

```
<div class="tab-content">
<div class="tab-pane active container" id="fj">
<img src="img/hz.jpg" class="img-fluid img-thumbnail" alt="风景">
</div>
<div class="tab-pane container" id="menu1">
<img src="img/ms.jpg" class="img-fluid img-thumbnail" alt="美食"></div>
<div class="tab-pane container" id="menu2">
<img src="img/wh.jpg" class="img-fluid img-thumbnail" alt="文化"></div>
</div>
</div>
```

胶囊状动态选项卡只需要将上例代码中 data-toggle 属性设置为 data-toggle="pill"。上例代码内容部分不变，列表部分更改为如下就可以实现胶囊状动态选项卡，效果如图 7-12 所示。

(a)选中第一个选项时效果　　　　　　　(b)选中第二个选项时效果

图 7-11　动态选项卡效果

(a)选中第一个选项时效果　　　　　　　(b)选中第二个选项时效果

图 7-12　胶囊状动态选项卡效果

```
<ul class="nav nav-pills">
<li class="nav-item"><a class="nav-link active" data-toggle="pill" href="#fj">风景</a></li>
<li class="nav-item"><a class="nav-link" data-toggle="pill" href="#menu1">美食</a></li>
<li class="nav-item"><a class="nav-link" data-toggle="pill" href="#menu2">文化</a></li>
</ul>
```

7.2.3 Bootstrap4 导航栏

1. 导航栏

导航栏一般放在页面的顶部。使用.navbar 样式类来创建一个标准的导航栏,后面紧跟.navbar-expand-xl|lg|md|sm 样式类来创建响应式的导航栏(大屏幕水平铺开,小屏幕垂直堆叠)。

Bootstrap4 导航栏

导航栏上的选项可以使用<ul>元素并添加.navbar-nav 样式类。然后在<li>元素上添加.nav-item 样式类,<a>元素上使用.nav-link 样式类。.active 样式类用来高亮显示选项。.disabled 样式类用于设置该链接是不可点击的。示例代码如下,当屏幕宽度大于等于 576px 时效果如图 7-13 所示,当屏幕宽度小于 576px 时折叠,效果如图 7-14 所示。

```
<nav class="navbar navbar-expand-sm">
<ul class="navbar-nav">
<li class="nav-item active"><a class="nav-link" href="#">首页</a></li>
<li class="nav-item"><a class="nav-link" href="#">关于我</a></li>
<li class="nav-item"><a class="nav-link" href="#">我的博客</a></li>
<li class="nav-item"><a class="nav-link" href="#">联系方式</a></li>
</ul>
</nav>
```

图 7-13 576px 及以上时导航栏效果

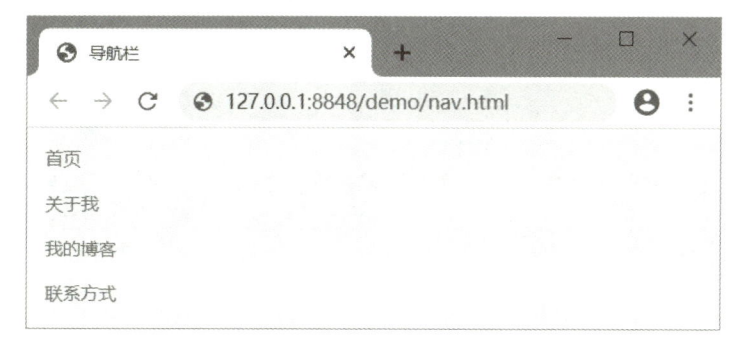

图 7-14 576px 以下时导航栏效果

通过删除.navbar-expand-xl|lg|md|sm 样式类来创建垂直的纵向导航栏,这样在大屏幕时也有如图 7-14 所示纵向导航栏的效果。

可以使用以下样式类来创建不同颜色导航栏：.bg-primary,.bg-success,.bg-info,.bg-warning,.bg-danger,.bg-secondary,.bg-dark 和.bg-light。对于暗色背景需要设置文本颜色为浅色的，对于浅色背景需要设置文本颜色为深色的。.bg-dark 样式类设置了背景颜色为黑色，.navbar-dark 样式类设置文本颜色为浅色的。

将上面示例中的第一行代码改为：＜nav class＝"navbar navbar-expand-sm bg-light navbar-light"＞就可以实现灰底黑字的效果，如图 7-15 所示。

图 7-15　灰底黑字的导航栏效果

若将上面示例中的第一行代码改为：＜nav class＝"navbar navbar-expand-sm bg-dark navbar-dark"＞就可以实现黑底的效果，如图 7-16 所示。

图 7-16　黑底的导航栏效果

2. 带 logo 的导航栏

.navbar-brand 样式类用于高亮显示 logo。logo 中的文字比导航栏中的其他文字要大一些。示例如下，效果如图 7-17 所示。

＜nav class＝"navbar navbar-expand-sm bg-light"＞
＜a class＝"navbar-brand" href＝"#"＞Bootstrap＜/a＞
＜ul class＝"navbar-nav"＞
＜li class＝"nav-item"＞＜a class＝"navbar-brand" href＝"#"＞首页＜/a＞＜/li＞
＜li class＝"nav-item"＞＜a class＝"nav-link" href＝"#"＞关于我＜/a＞＜/li＞
＜li class＝"nav-item"＞＜a class＝"nav-link" href＝"#"＞我的博客＜/a＞＜/li＞
＜li class＝"nav-item"＞＜a class＝"nav-link" href＝"#"＞联系方式＜/a＞＜/li＞
＜/ul＞
＜/nav＞

图 7-17　带 logo 的导航栏效果

也可以使用 logo 图像，使用.navbar-brand 样式类来设置图像自适应导航栏。将第 2 行代码改为如下，效果如图 7-18 所示。

```
<a class="navbar-brand" href="#"><img src="img/huaji.png" alt="logo" style="width:40px;">
</a>
```

图 7-18　带图像 logo 的导航栏效果

3. 可折叠导航栏

小屏幕上一般会使用折叠导航栏，通过点击来显示导航选项。折叠导航栏是在基础导航栏的基础上实现响应式的方法，这里涉及了导航的折叠，主要分为导航的显示和隐藏，以及显示汉堡按钮的固定写法，移动和桌面的分界用 .navbar-expand-md 样式类，这样当屏幕宽度大于 768px 时效果如图 7-19 所示，当屏幕宽度小于等于 768px 时折叠，显示汉堡按钮，效果如图 7-20 所示。通过汉堡按钮切换纵向导航菜单的显示效果，如图 7-21 所示。

图 7-19　768px 及以上时导航栏效果

图 7-20　768px 以下时导航栏效果

图 7-21　768px 以下单击汉堡按钮变为纵向导航效果

要创建折叠导航栏,可以在按钮上添加.navbar-toggler 样式类,还要添加 data-toggle＝"collapse"与 data-target＝"#thetarget"属性。然后在引用了.collapse 和.navbar-collapse 样式类的 div 中放入导航内容(导航列表项),此 div 元素上的 id 属性值匹配按钮 data-target 的属性值,示例如下：

＜nav class＝"navbar navbar-expand-md bg-dark navbar-dark"＞
＜a class＝"navbar-brand" href＝"#"＞＜img src＝"img/huaji.png" alt＝"logo" style＝"width:40px;"＞＜/a＞
＜button class＝"navbar-toggler" type＝"button" data-toggle＝"collapse" data-target＝"#collapsibleNavbar"＞
＜span class＝"navbar-toggler-icon"＞＜/span＞
＜/button＞
＜div class＝"collapse navbar-collapse" id＝"collapsibleNavbar"＞
＜ul class＝"navbar-nav"＞
＜li class＝"nav-item"＞＜a class＝"nav-link" href＝"#"＞网站首页＜/a＞＜/li＞
＜li class＝"nav-item"＞＜a class＝"nav-link" href＝"#"＞公司简介＜/a＞＜/li＞
＜li class＝"nav-item"＞＜a class＝"nav-link" href＝"#"＞新品中心＜/a＞＜/li＞
＜li class＝"nav-item"＞＜a class＝"nav-link" href＝"#"＞限时特惠＜/a＞＜/li＞
＜li class＝"nav-item"＞＜a class＝"nav-link" href＝"#"＞关于我们＜/a＞＜/li＞
＜li class＝"nav-item"＞＜a class＝"nav-link" href＝"#"＞ ＜/a＞＜/li＞
＜li class＝"nav-item"＞＜a class＝"nav-link" href＝"#"＞登录＜/a＞＜/li＞
＜li class＝"nav-item"＞＜a class＝"nav-link" href＝"#"＞注册＜/a＞＜/li＞
＜/ul＞
＜/div＞
＜/nav＞

4. 综合案例

【例 7-2】 实现个人主页效果,如图 7-22 所示。

(a)小屏幕布局效果　　　　　　　　　(b)大屏幕布局效果

图 7-22　个人主页效果

代码如下：

```html
<!DOCTYPE html>
<html>
<head>
<meta charset="utf-8">
<title>个人主页</title>
<meta name="viewport" content="width=device-width, initial-scale=1">
<link rel="stylesheet" href="css/bootstrap.min.css" />
</head>
<body>
<div class="container-fluid" style="background-color:lavenderblush;">
<div class="row">
<div class="col-sm-4"><img src="img/job8.gif" height="160"></div>
<div class="col-sm-8 text-info">
<h1 style="margin-top：3rem;">张三的个人简历</h1>
</div>
</div>
</div>
<nav class="navbar navbar-expand-sm bg-dark navbar-dark">
<a class="navbar-brand" href="#">求职中</a>
<ul class="navbar-nav">
<li class="nav-item"><a class="nav-link" href="#">首页</a></li>
<li class="nav-item"><a class="nav-link" href="#">关于我</a></li>
<li class="nav-item"><a class="nav-link" href="#">我的博客</a></li>
<li class="nav-item"><a class="nav-link" href="#">联系方式</a></li>
</ul>
</nav>
<div class="container-fluid">
<div class="row">
<div class="col-sm-4">
<h2>我的照片：</h2>
<img src="img/job.jpg" />
<p>关于我的介绍..</p>
</div>
<div class="col-sm-8">
<h2>自我评价</h2>
<p> 本人热爱学习,工作态度严谨认真,责任心强,有很好的团队合作能力。有良好的分析、解决问题的思维。以创新、解决客户需求、维护公司利益为宗旨,来接受挑战和更大的发展平台。</p>
<p>作为一名软件专业学生,我热爱我的专业。并不断地完善自我,超越自己,为的就是能积累知识,在贵单位找到一个适合自己的职位,以最高的效率为单位创造更多的效能,实现自己的人生价值。</p>
<h2>求职意向</h2>
<p>Web前端开发</p>
```

```
<h2>教育背景</h2>
<p>某大学
<h2>证书</h2>
<p>1+X Web前端开发职业证书
</div>
</div>
</div>
<div class="jumbotron text-center" style="margin-bottom:0">
    <p>Copyright &copy；cojar 工作室</p>
</div>
<script src="js/jquery.min.js"></script>
<script src="js/bootstrap.min.js"></script>
<script src="js/bootstrap.bundle.min.js"></script>
</body>
</html>
```

7.2.4　Bootstrap4 列表组

要创建列表组，可以在<ul>元素上添加.list-group 样式类，在<li>元素上添加.list-group-item 样式类。示例如下：

```
<div class="container">
    <h2>基础列表组</h2>
    <ul class="list-group">
        <li class="list-group-item">单元 1</li>
        <li class="list-group-item">单元 2</li>
        <li class="list-group-item">单元 3</li>
    </ul>
</div>
```

要创建一个链接的列表项，可以将<ul>替换为<div>，<li>替换为<a>。如果要鼠标悬停显示灰色背景就添加.list-group-item-action 样式类，示例如下：

```
<div class="list-group">
    <a href="#" class="list-group-item list-group-item-action">单元 1</a>
    <a href="#" class="list-group-item list-group-item-action">单元 2</a>
    <a href="#" class="list-group-item list-group-item-action">单元 3</a>
</div>
```

列表项目的颜色可以通过以下项来设置：.list-group-item-success，.list-group-item-secondary，.list-group-item-info，.list-group-item-warning，.list-group-item-danger，.list-group-item-primary，.list-group-item-dark 和.list-group-item-light。

示例如下：

```
<div class="list-group">
    <a href="#" class="list-group-item list-group-item-success">成功列表项</a>
    <a href="#" class="list-group-item list-group-item-secondary">次要列表项</a>
    <a href="#" class="list-group-item list-group-item-info">信息列表项</a>
```

```html
<a href="#" class="list-group-item list-group-item-warning">警告列表项</a>
<a href="#" class="list-group-item list-group-item-danger">危险列表项</a>
<a href="#" class="list-group-item list-group-item-primary">主要列表项</a>
<a href="#" class="list-group-item list-group-item-dark">深灰色列表项</a>
<a href="#" class="list-group-item list-group-item-light">浅色列表项</a>
</div>
```

【例 7-3】 通过添加 .active 样式类来设置激活状态的列表项,jQuery 实现动态列表项背景显示。代码如下：

```html
<!DOCTYPE html>
<html>
<head>
<meta charset="utf-8">
<title></title>
<meta name="viewport" content="width=device-width, initial-scale=1">
<link rel="stylesheet" href="css/bootstrap.min.css" />
</head>
<body>
<div class="list-group">
<a href="#" class="list-group-item list-group-item-action active">男装</a>
<a href="#" class="list-group-item list-group-item-action">女装</a>
<a href="#" class="list-group-item list-group-item-action">童装</a>
</div>
<script src="js/jquery.min.js"></script>
<script src="js/bootstrap.min.js"></script>
<script src="js/bootstrap.bundle.min.js"></script>
<script>
$(document).ready(function(){      //可以简写成：$(function(){
    $(".list-group a").click(function() {
        $(this).addClass("active").siblings().removeClass("active");
    });
});
</script>
</body>
</html>
```

7.2.5 Bootstrap4 卡片

1. 基础卡片

通过 Bootstrap4 的 .card 与 .card-body 样式类可以创建一个简单的卡片,示例如下：

```html
<div class="card">
    <div class="card-body">简单的卡片</div>
</div>
```

.card-header 样式类用于创建卡片的头部样式,.card-footer 样式类用于创建卡片的底部样式：

```
<div class="card">
    <div class="card-header">头部</div>
    <div class="card-body">内容</div>
    <div class="card-footer">底部</div>
</div>
```

Bootstrap4 提供了多种卡片的背景颜色样式类：.bg-primary，.bg-success，.bg-info，.bg-warning，.bg-danger，.bg-secondary，.bg-dark 和 .bg-light。

2. 图像卡片

可以给<img>添加.card-img-top（图像在文字上方）或.card-img-bottom（图像在文字下方）来设置图像卡片，效果如图 7-23 所示。

代码如下：

```
<div class="card" style="width:400px">
    <img class="card-img-top" src="img/swan.jpg" alt="天鹅">
    <div class="card-body">
        <h4 class="card-title">天鹅</h4>
        <p class="card-text">属游禽。除非洲、南极洲之外的各大陆均有分布。</p>
        <a href="#" class="btn btn-primary">详情</a>
    </div>
</div>
```

第二行代码放到倒数第二行，样式改为 class="card-img-bottom" 即可实现图像下方显示，如图 7-24 所示。

图 7-23 图像在顶部的图像卡片　　图 7-24 图像在底部的图像卡片

7.2.6 Bootstrap4 折叠

Bootstrap4 折叠可以很容易地实现内容的显示与隐藏。

使用 .collapse 样式类来指定一个折叠元素（实例中的<div>）；点击按钮后会在隐藏与显示之间切换。

控制内容的隐藏与显示，需要在<a>或<button>元素上添加 data-toggle="collapse"

属性,同时还要添加 data-target 属性来对应折叠的内容(如 data-target="#demo"对应 <div id="demo">)。如果是<a>元素可以使用 href 属性来代替 data-target 属性。示例如下:

  <div class="container">
    <h2>简单的折叠</h2>
    <a href="#demo" class="btn btn-primary" data-toggle="collapse">简单的折叠</a>
    <div id="demo" class="collapse">
    这里是内容区域
    </div>
  </div>

默认情况下折叠的内容是隐藏的,可以添加 .show 样式类让内容默认显示。上例第 4 行代码改为如下即可实现。

  <div class="container">
    <h2>简单的折叠</h2>
    <a href="#demo" class="btn btn-primary" data-toggle="collapse">简单的折叠</a>
    <div id="demo" class="collapse show">
    这里是内容区域
    </div>
  </div>

使用 data-parent 属性来确保所有的折叠元素在指定的父元素下,这样就能实现在一个折叠选项显示时其他选项就隐藏。

【例 7-4】 通过扩展卡片组件来实现纵向菜单效果,jQuery 实现动态列表项自定义背景显示,如图 7-25 所示。

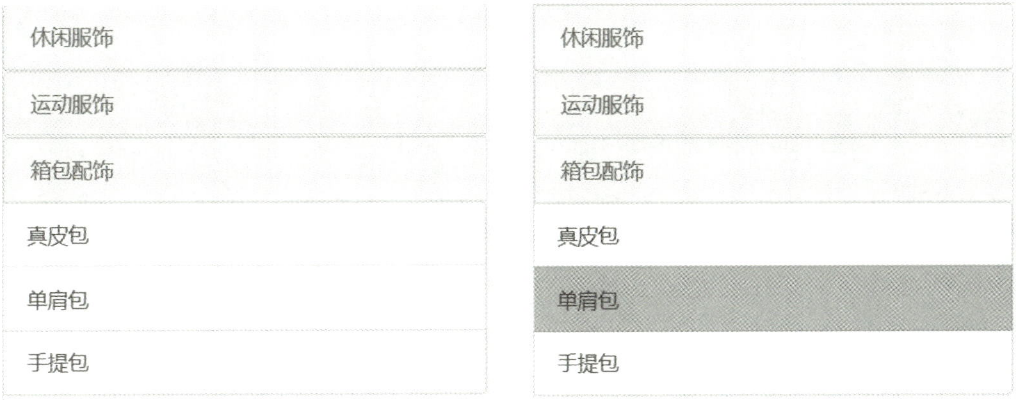

(a)初始效果　　　　　　　　　　(b)鼠标经过时效果

图 7-25　纵向菜单效果

代码如下:
<!DOCTYPE html>
<html>
<head>
<meta charset="utf-8">

```html
<title></title>
<meta name="viewport" content="width=device-width, initial-scale=1">
<link rel="stylesheet" href="css/bootstrap.min.css" />
<style type="text/css">
#accordion .list-group {
    margin: -1.25rem;
    padding-left: 1rem;
}
</style>
</head>
<body>
<div id="accordion">
<div class="card">
<div class="card-header">
<a class="card-link" data-toggle="collapse" href="#collapseOne">
休闲服饰
</a>
</div>
<div id="collapseOne" class="collapse show" data-parent="#accordion">
<div class="card-body list-group ">
<a href="#" class="list-group-item list-group-item-action">毛呢大衣</a>
<a href="#" class="list-group-item list-group-item-action">棉服</a>
<a href="#" class="list-group-item list-group-item-action">私人定制</a>
</div>
</div>
</div>
<div class="card">
<div class="card-header">
<a class="collapsed card-link" data-toggle="collapse" href="#collapseTwo">
运动服饰
</a>
</div>
<div id="collapseTwo" class="collapse" data-parent="#accordion">
<div class="card-body list-group ">
<a href="#" class="list-group-item list-group-item-action">运动套装</a>
<a href="#" class="list-group-item list-group-item-action">速干衣裤</a>
<a href="#" class="list-group-item list-group-item-action">抓绒衣裤</a>
</div>
</div>
</div>
<div class="card">
<div class="card-header">
<a class="collapsed card-link" data-toggle="collapse" href="#collapseThree">
```

箱包配饰
</a>
</div>
<div id="collapseThree" class="collapse" data-parent="#accordion">
<div class="card-body list-group">
<a href="#" class="list-group-item list-group-item-action">真皮包</a>
<a href="#" class="list-group-item list-group-item-action">单肩包</a>
<a href="#" class="list-group-item list-group-item-action">手提包</a>
</div>
</div>
</div>
</div>
<script src="js/jquery.min.js"></script>
<script src="js/bootstrap.min.js"></script>
<script src="js/bootstrap.bundle.min.js"></script>
<script>
$(document).ready(function(){   //可以简写成：$(function(){
    $(".list-group a").mouseover(function(){ $(this).addClass("list-group-item-primary")
        .siblings().removeClass("list-group-item-primary");
    });
});
</script>
</body>
</html>

7.2.7 Bootstrap4 表格

Bootstrap4 通过 .table 样式类来设置基础表格的样式。通过添加 .table-striped 样式类来设置条纹表格；通过添加 .table-bordered 样式类可以为表格添加边框；通过添加 .table-hover 样式类可以为表格的每一行添加鼠标悬停效果（灰色背景）；.table-sm 样式类用于通过减少内边距来设置较小的表格；.table-responsive 样式类用于创建响应式表格，当表格宽度大于屏幕宽度时会创建水平滚动条。

表格若使用 .table-responsive-sm 样式类，在屏幕宽度小于 576px 时会创建水平滚动条，大于此值时没有水平滚动条。表格若使用 .table-responsive-md 样式类，在屏幕宽度小于 768px 时会创建水平滚动条，大于此值时没有水平滚动条。表格若使用 .table-responsive-lg 样式类，在屏幕宽度小于 992px 时会创建水平滚动条，大于此值时没有水平滚动条。表格若使用 .table-responsive-xl 样式类，在屏幕宽度小于 1200px 时会创建水平滚动条，大于此值时没有水平滚动条。

【例 7-5】 实现响应式表格，效果如图 7-26 所示。
代码如下：
<!DOCTYPE html>
<html>

图 7-26　响应式课程表效果

```
<head>
<meta charset="utf-8" />
<title>响应式课程表</title>
<meta name="viewport" content="width=device-width,initial-scale=1">
<link rel="stylesheet" href="css/bootstrap.min.css" />
<style>
.table tr>td,.table tr>th {      /* 表格样式 */
    white-space:nowrap;
    text-align: center;
    vertical-align: middle;
}
</style>
</head>
<body>
<div class="container">
<h2>响应式课程表</h2>
<div class="table-responsive-sm">
<table class="table table-bordered table-hover table-striped table-sm">
<tr>
<th colspan="2">时间\日期</th>
<th>一</th>
<th>二</th>
<th>三</th>
<th>四</th>
<th>五</th>
</tr>
<tr>
<td rowspan="3">上午</td>
<td>8:30-9:15</td>
<td>语文</td>
```

```html
<td>语文</td>
<td>语文</td>
<td>语文</td>
<td>语文</td>
</tr>
<tr>
<td>9:30-10:05</td>
<td>数学</td>
<td>数学</td>
<td>数学</td>
<td>数学</td>
<td>数学</td>
</tr>
<tr>
<td>10:25-11:10</td>
<td>语文</td>
<td>语文</td>
<td>语文</td>
<td>语文</td>
<td>体育</td>
</tr>
<tr>
<td colspan="7"> </td>
</tr>
<tr>
<td rowspan="2">下午</td>
<td>14:30-15:15</td>
<td>科学</td>
<td>音乐</td>
<td>体育</td>
<td>美术</td>
<td>英语</td>
</tr>
<tr>
<td>15:25-16:10</td>
<td>语文</td>
<td>语文</td>
<td>语文</td>
<td>语文</td>
<td>语文</td>
</tr>
</table>
</div>
```

```
</div>
<script src="js/jquery.min.js"></script>
<script src="js/bootstrap.min.js"></script>
</body>
</html>
```

7.2.8 Bootstrap4 轮播

Bootstrap 轮播(Carousel)插件是一种灵活的响应式的向站点添加滑块的方式。轮播的内容可以是图像、内嵌框架、视频或者其他想要放置的任何类型的内容,使用该插件时必须引入 bootstrap.js 或压缩版的 bootstrap.min.js。

轮播图的实现主要由三个部分构成:轮播的图像、轮播图像的计数器、轮播图像的控制器。通过引用.carousel 样式类创建一个轮播。在引用.carousel-indicators 样式类的 ul 列表中为轮播添加一个指示符,就是轮播图底下的一个个小短横,轮播的过程可以显示目前是第几张图。在引用.carousel-inner 样式类的 div 中添加要切换的图像。在引用.carousel-item 样式类的 div 中指定每个图像的内容。

.carousel-control-prev-icon 与.carousel-control-prev 样式类一起使用,用来设置左侧的按钮,点击会返回上一张。

.carousel-control-next-icon 与.carousel-control-next 样式类一起使用,用来设置右侧的按钮,点击会切换到下一张。

.slide 样式类用来实现切换图像的过渡和动画效果,可以删除这个样式类。

【例 7-6】 实现轮播效果,如图 7-27 所示。

图 7-27 广告轮播效果

代码如下:
```
<!DOCTYPE html>
<html>
<head>
<meta charset="utf-8" />
<title>bootstrap 轮播</title>
```

```html
<meta name="viewport" content="width=device-width,initial-scale=1">
<link rel="stylesheet" href="css/bootstrap.min.css" />
<style>
.carousel-inner img {    /* 图像占满容器的横向宽度 */
    width:100%;
    height:100%;
}
</style>
</head>
<body>
<div id="demo" class="carousel slide" data-ride="carousel">
<ul class="carousel-indicators">        <!-- 指示符 -->
    <li data-target="#demo" data-slide-to="0" class="active"></li>
    <li data-target="#demo" data-slide-to="1"></li>
    <li data-target="#demo" data-slide-to="2"></li>
</ul>
<div class="carousel-inner">          <!-- 轮播图像 -->
    <div class="carousel-item active"><img src="img/2.jpg"> </div>
    <div class="carousel-item"> <img src="img/3.jpg"></div>
    <div class="carousel-item"><img src="img/8.jpg"></div>
</div>
<!-- 左右切换按钮 -->
<a class="carousel-control-prev" href="#demo" data-slide="prev">
    <span class="carousel-control-prev-icon"></span>
</a>
<a class="carousel-control-next" href="#demo" data-slide="next">
    <span class="carousel-control-next-icon"></span>
</a>
</div>
<script src="js/jquery.min.js"></script>
<script src="js/bootstrap.min.js"></script>
<script src="js/bootstrap.bundle.min.js"></script>
</body>
</html>
```

任务实施

1. 任务分析

本任务是响应式商品优惠列表的实现,在网页中从上到下分别为导航栏、轮播图、商品优惠列表模块、服务信息模块和版权模块,所有模块使用通栏布局,整体结构如图7-1所示,页面要求适应PC端和移动端。

导航栏、轮播图直接采用7.4.3节和7.4.8节的案例即可,可以根据需要替换图像。这里主要介绍商品优惠列表模块、服务信息模块和版权模块。

2. 商品优惠列表模块实施过程

页面主体部分设置三个相等的列,每一个商品的信息占一列,需要使用样式类.row 和三个.col-sm-4 快速制作网格布局,其 DOM 结构如下:

```
<div class="container-fluid">
  <div class="row">
    <div class="col-sm-4">大于576px 时我占页面的1/3,小于576px 时我占屏幕整宽</div>
    <div class="col-sm-4">大于576px 时我占页面的1/3,小于576px 时我占屏幕整宽</div>
    <div class="col-sm-4">大于576px 时我占页面的1/3,小于576px 时我占屏幕整宽</div>
  </div>
</div>
```

每一个商品的信息包括商品图像展示,商品名称介绍,商品原价和现价对比,加入购物车按钮。将如下代码替换上面的文本(大于576px 时我占页面的1/3,小于576px 时我占屏幕整宽)。列表项内容的代码如下:

```
<img src="img/lgx.jpg">
<p>旅行箱</p>
<p><span class="text-secondary">原价￥200.00 </span><span class="text-danger">现价￥160.00</span></p>
<button type="button" class="btn btn-info">加入购物车</button>
```

3. 服务信息模块和版权模块实施过程

服务信息模块和版权模块都在页脚,使用<footer>标签实现,使用按钮效果来体现服务信息,引用.btn 和.btn-outline-warning 样式类即可,颜色可以根据需要替换,两个模块使用分割线分隔,<hr>标签即可实现。"©"来实现"©"字符的显示,兼容性更好。

```
<footer>
  <a class="btn btn-outline-warning" href="#">新手指南</a>
  <a class="btn btn-outline-warning" href="#">服务咨询</a>
  <a class="btn btn-outline-warning" href="#">友情链接</a>
  <hr>
  <p>Copyright &copy;cojar 工作室</p>
</footer>
```

4. 商品优惠列表页面整体代码

商品优惠列表页面整体代码如下:

```
<!DOCTYPE html>
<html>
<head>
<meta charset="utf-8">
<title>商品优惠列表</title>
<meta name="viewport" content="width=device-width, initial-scale=1">
<link rel="stylesheet" href="css/bootstrap.min.css" />
<style>
.carousel-inner img{           /* 图像占满横向宽度 */
    width:100%;
}
```

```css
.list>img{
    width: 13rem;
    height: 15rem;
}
footer{
    margin: 2rem 0;
    text-align: center;
}
</style>
</head>
<body>
<nav class="navbar navbar-expand-sm bg-dark navbar-dark">
<a class="navbar-brand" href="#">包容天下</a>
<ul class="navbar-nav">
<li class="nav-item"><a class="nav-link" href="#">首页</a></li>
<li class="nav-item"><a class="nav-link" href="#">最新优惠</a></li>
<li class="nav-item"><a class="nav-link" href="#">更多产品</a></li>
<li class="nav-item"><a class="nav-link" href="#">联系方式</a></li>
</ul>
</nav>
<div id="demo" class="carousel slide" data-ride="carousel">
<!-- 指示符 -->
<ul class="carousel-indicators">
<li data-target="#demo" data-slide-to="0" class="active"></li>
<li data-target="#demo" data-slide-to="1"></li>
<li data-target="#demo" data-slide-to="2"></li>
</ul>
<!-- 轮播图像 -->
<div class="carousel-inner">
<div class="carousel-item active"><img src="img/xb3.jpg"></div>
<div class="carousel-item"><img src="img/xb5.jpg"></div>
<div class="carousel-item"><img src="img/xb6.jpg"></div>
</div>
<!-- 左右切换按钮 -->
<a class="carousel-control-prev" href="#demo" data-slide="prev">
<span class="carousel-control-prev-icon"></span>
</a>
<a class="carousel-control-next" href="#demo" data-slide="next">
<span class="carousel-control-next-icon"></span>
</a>
</div>
<div class="container-fluid"><!-- <div class="container"> -->
<div class="row">
```

```
        <div class="col-sm-4 text-center list">
          <img src="img/lgx.jpg">
          <p>旅行箱</p>
          <p><span class="text-secondary">原价¥200.00 </span><span class="text-danger">现价
¥160.00</span></p>
          <button type="button" class="btn btn-info">加入购物车</button>
        </div>
        <div class="col-sm-4 text-center list">
          <img src="img/yqx.jpg">
          <p>仪器箱包装箱</p>
          <p><span class="text-secondary">原价¥200.00 </span><span class="text-danger">现价
¥160.00</span></p>
          <button type="button" class="btn btn-info">加入购物车</button>
        </div>
        <div class="col-sm-4 text-center list">
          <img src="img/nb.jpg">
          <p>六件套女包压花</p>
          <p><span class="text-secondary">原价¥200.00 </span><span class="text-danger">现价
¥160.00</span></p>
          <button type="button" class="btn btn-info">加入购物车</button>
        </div>
      </div>
    </div>
    <footer>
      <a class="btn btn-outline-warning" href="#">新手指南</a>
      <a class="btn btn-outline-warning" href="#">服务咨询</a>
      <a class="btn btn-outline-warning" href="#">友情链接</a>
      <hr>
      <p> Copyright &copy;cojar 工作室</p>
    </footer>
    <script src="js/jquery.min.js"></script>
    <script src="js/bootstrap.min.js"></script>
    <script src="js/bootstrap.bundle.min.js"></script>
  </body>
</html>
```

同步练习

一、理论测试

1. 在 Bootstrap 栅格系统中，适应移动端超小设备（<576px）和移动端平板设备（<768px），使用的样式类前缀是（　　）。

  A．.col-md-　　　　B．.col-lg-　　　　C．.col-　　　　D．.col-sm-

2. 下列关于 Bootstrap 栅格系统说法正确的是（　　）。

A. 栅格系统每一行不能少于 12 列

B. 通过"行（row）"在水平方向创建一组"列（column）"

C. "行（row）"必须包含在 .container（固定宽度）或 .container-fluid（100％宽度）中，以便为其赋予合适的排列（aligment）和内补（padding）

D. 如果一"行（row）"中包含了的"列（column）"大于 12，多余的"列（column）"所在的元素将被作为一个整体另起一行排列

3. 下列关于 Bootstrap 的栅格系统描述，错误的是（　　）。

A. 系统默认每行划分 12 列　　　　　B. 网格可以嵌套

C. 默认列间距是 30px　　　　　　　D. 手机屏幕的列类前缀是 .col-sm-x

4. 下面选项是栅格参数样式类前缀的是（　　）。

A. .col-xs-1　　　B. .col-sm-1　　　C. .col-ng-1　　　D. .col-md-1

5. 以下样式类可以实现斑马线效果的是（　　）。

A. .table　　　B. .table-striped　　　C. .table-hover　　　D. .table-bordered

二、实训内容

1. 实现基于 Bootstrap 宠物店的页面设计与制作。

2. 使用 Bootstrap 表格实现社团信息的展示。

3. 制作如图 7-28 所示的响应式轮播效果。

图 7-28　响应式轮播效果

4. 制作如图 7-29 所示的响应式图书列表效果。

图 7-29　响应式图书列表效果

任务 8

实现响应式购物列表展示和管理

学习目标

- 掌握使用 Bootstrap 制作各种表单及控件。
- 掌握使用 JavaScript 实现表单的验证，单、复选框的遍历。
- 掌握使用 Bootstrap 制作导航栏、轮播插件、模态框、表格等。
- 熟悉 Bootstrap 中的网格系统的使用。
- 掌握 Bootstrap 组件的使用及如何将各模块组合成完整的网页。
- 掌握使用 JavaScript 实现表格的动态操作。

任务描述

实现响应式商品信息的管理（商品信息的展示、单项删除、多项删除、金额计算等功能），如图 8-1 所示。

图 8-1 购物列表效果

> 知识准备

8.1 Bootstrap4 表单相关组件

  Bootstrap 是一个支持响应式的 UI 框架，它提供了很多组件，如导航栏、面板、菜单、form 表单，还有表格等，而且这些都是支持响应式的，可以在各种设备上进行完美的展现。下面介绍表单相关组件的应用。

8.1.1 Bootstrap4 表单

  Bootstrap 可以更快捷、美观地创建表单。Bootstrap 通过一些简单的 HTML 标签和扩展的样式类即可创建出不同效果的表单。表单元素＜input＞、＜textarea＞和＜select＞表单控件元素在使用.form-control 样式类的情况下，宽度都被设置为 100%。

  Bootstrap 提供了两种类型的表单布局：堆叠表单和内联表单。

1. 堆叠表单

堆叠表单(全屏宽度)为垂直方向排列，如图 8-2 所示。

图 8-2 堆叠登录表单效果

示例如下：
```
<!DOCTYPE html>
<html>
<head>
<meta charset="utf-8">
<title>堆叠表单</title>
<meta name="viewport" content="width=device-width, initial-scale=1">
<link rel="stylesheet" href="css/bootstrap.min.css" />
</head>
<body>
<div class="container">
```

```html
<h3>系统登录</h3>
<form>
<div class="form-group">
<label for="user">用户名:</label>
<input class="form-control" id="user" pattern="^[0-9a-zA-Z]\w{2,15}$" placeholder="请输入3-16位的用户名">
</div>
<div class="form-group">
<label for="pwd">密码:</label>
<input type="password" class="form-control" id="pwd" placeholder="请输入密码">
</div>
<button type="submit" class="btn btn-primary btn-block">登 录</button>
</form>
</div>
</body>
</html>
```

2. 内联表单

内联表单为水平方向排列,如图 8-3 所示。所有内联表单中的元素都是左对齐的。在屏幕宽度小于 576px 时为垂直堆叠,如果屏幕宽度大于等于 576px 时表单元素才会显示在同一个水平线上。内联表单只需要在垂直表单的基础上,为<form>元素引用 .form-inline 样式类。创建内联表单示例如下,效果如图 8-3 所示。

图 8-3 内联表单登录效果

```html
<!DOCTYPE html>
<html>
<head>
<meta charset="utf-8">
<title>内联表单</title>
<meta name="viewport" content="width=device-width, initial-scale=1">
<link rel="stylesheet" href="css/bootstrap.min.css" />
<style type="text/css">
input {
    margin: 1rem;
}
</style>
</head>
```

```html
<body>
<div class="container">
<h3>邮箱登录</h3>
<form class="form-inline">
<label for="email">邮箱:</label>
<input type="email" class="form-control" id="email" placeholder="请输入邮箱">
<label for="pwd">密码:</label>
<input type="password" class="form-control" id="pwd" placeholder="请输入密码">
<button type="submit" class="btn btn-primary">登 录</button>
</form>
</div>
</body>
</html>
```

3. Bootstrap4 实现注册布局效果

【例 8-1】 实现注册布局效果,如图 8-4 所示。

图 8-4 堆叠注册表单效果

代码如下:

```html
<!DOCTYPE html>
<html>
<head>
<meta charset="utf-8">
<title>注册</title>
<meta name="viewport" content="width=device-width, initial-scale=1">
<link rel="stylesheet" href="css/bootstrap.min.css" />
</head>
<body>
```

```html
<div class="container">
<h2>新用户注册</h2>
<form>
<div class="form-group">
<label for="user">用户名:</label>
<input class="form-control" id="user" placeholder="用户名不少于3位">
</div>
<div class="form-group">
<label for="email">邮箱:</label>
<input type="email" class="form-control" id="email" placeholder="如:web@126.com">
</div>
<div class="form-group">
<label for="pwd">密码:</label>
<input type="password" class="form-control" id="pwd" placeholder="密码不少于6位">
</div>
<div class="form-group">
<label for="rpwd">确认密码:</label>
<input type="password" class="form-control" id="rpwd" placeholder="两次密码要一致">
</div>
<button type="submit" class="btn btn-primary btn-block">注册</button>
</form>
</div>
<script src="js/jquery.min.js"></script>
<script src="js/bootstrap.min.js"></script>
<script src="js/bootstrap.bundle.min.js"></script>
</body>
</html>
```

4. 交互功能实现:注册验证

验证效果,如图8-5所示。

代码如下:

```html
<!DOCTYPE html>
<html>
<head>
<meta charset="utf-8">
<title>注册</title>
<meta name="viewport" content="width=device-width, initial-scale=1">
<link rel="stylesheet" href="css/bootstrap.min.css" />
</head>
<body>
<div class="container">
<h2>新用户注册</h2>
<form name="regform">
```

任务 8　实现响应式购物列表展示和管理

图 8-5　注册表单验证效果

```html
<div class="form-group">
  <label for="user">用户名:</label>
  <input class="form-control" id="user" autofocus required pattern="^[0-9a-zA-Z]\w{2,15}$" oninput="this.setCustomValidity('')" oninvalid="this.setCustomValidity('用户名不少于3位')" placeholder="用户名不少于3位"> <!--setCustomValidity('')参数是一对单引号,即空字符串-->
</div>
<div class="form-group">
  <label for="email">邮箱:</label>
  <input type="email" class="form-control" id="email" required pattern="^(\w-*)+@(\w-?)+(\.\w{2,})+$" placeholder="如:web@126.com">
</div>
<div class="form-group">
  <label for="pwd">密码:</label>
  <input type="password" class="form-control" id="pwd" name="pwd" required pattern="^\w{6,12}$" oninput="this.setCustomValidity('')" oninvalid="this.setCustomValidity('密码不少于6位')" placeholder="密码不少于6位">
</div>
<div class="form-group">
  <label for="rpwd">确认密码:</label>
  <input type="password" class="form-control" id="rpwd" name="rpwd" required placeholder="两次密码要一致" onchange="checkpass()">
</div>
<button type="submit" class="btn btn-primary btn-block">注册</button>
</form>
</div>
```

```
<script type="text/javascript">
function checkpass() {
    var pass = regform.pwd;
    var rpass = regform.rpwd;
    if(pass.value != rpass.value) {
        rpass.setCustomValidity("两次密码输入不一致");
    } else {
        rpass.setCustomValidity("");
    }
}
</script>
<script src="js/jquery.min.js"></script>
<script src="js/bootstrap.min.js"></script>
<script src="js/bootstrap.bundle.min.js"></script>
</body>
</html>
```

8.1.2 Bootstrap4 单、复选框

使用 Bootstrap4 实现复选框,设置<div>为复选框的父元素,引用样式类.custom-control 和.custom-checkbox,复选框作为子元素放在该<div>里,然后复选框设置为 type="checkbox",引用样式类.custom-control-input。

使用 Bootstrap4 实现单选框,设置<div>为单选框父元素,引用样式类.custom-control 和.custom-radio,单选框作为子元素放在该 div 里头,然后单选框设置为 type="radio",引用样式类.custom-control-input。

单、复选框的文本使用 label 标签,label 标签引用.custom-control-label 样式类,label 标签的 for 属性值需要匹配单、复选框的 id 属性值。

【例 8-2】 实现 Bootstrap4 单选框效果,如图 8-6 所示。

(a) 无选择提交效果   (b) 有选择提交效果

图 8-6 单选框效果

代码如下:
```
<!DOCTYPE html>
<html>
```

```html
<head>
<meta charset="utf-8">
<title>单选</title>
<meta name="viewport" content="width=device-width, initial-scale=1">
<link rel="stylesheet" href="css/bootstrap.min.css" />
<style type="text/css">
div,input {
    margin-top: 1rem;
}
</style>
</head>
<body>
<div class="container">
<h3>选择您最喜欢的运动项目:</h3>
<form>
<div class="custom-control custom-radio">
<input type="radio" class="custom-control-input" value="篮球" id="lq" name="hobby">
<label class="custom-control-label" for="lq">篮球</label>
</div>
<div class="custom-control custom-radio">
<input type="radio" class="custom-control-input" value="足球" id="zq" name="hobby">
<label class="custom-control-label" for="zq">足球</label>
</div>
<div class="custom-control custom-radio">
<input type="radio" class="custom-control-input" value="乒乓球" id="ppq" name="hobby">
<label class="custom-control-label" for="ppq">乒乓球</label>
</div>
<!-- <button class="btn btn-primary">提交</button> -->
<input type="button" class="btn btn-primary" id="send" value="提交">
</form>
<br>
<div id="info"> </div>
</div>
<script type="text/javascript">
document.getElementById("send").onclick = getVals;
var info = document.getElementById("info");
function getVals() {
    var res = getRadioRes('hobby');
    if(res == null) {
        info.innerHTML = '请选择!!';
        return;
    }
    info.innerHTML = "我最喜欢:" + res;
```

```
        }
        function getRadioRes(Name) {
            var rdsObj = document.getElementsByName(Name);
            var checkVal = null;
            for(i = 0; i < rdsObj.length; i++) {
                if(rdsObj[i].checked) {
                    checkVal = rdsObj[i].value;
                    break;    //遍历到选中的就提前结束循环提高性能
                }
            }
            return checkVal;
        }
</script>
<!-- <script src="js/jquery.min.js"></script>
<script src="js/bootstrap.min.js"></script>
<script src="js/bootstrap.bundle.min.js"></script> -->
</body>
</html>
```

【例8-3】 实现 Bootstrap4 复选框效果,如图 8-7 所示。

(a)无选择提交效果　　　　　(b)有选择提交效果

图 8-7　复选框效果

代码如下:

```
<!DOCTYPE html>
<html>
<head>
<meta charset="utf-8">
<title>复选</title>
<meta name="viewport" content="width=device-width, initial-scale=1">
<link rel="stylesheet" href="css/bootstrap.min.css" />
<style type="text/css">
    div,input {
        margin-top: 1rem;
```

```html
}
</style>
</head>
<body>
<div class="container">
<h3>选择您喜欢的运动项目:</h3>
<form>
<div class="custom-control custom-checkbox">
<input type="checkbox" class="custom-control-input" value="篮球" id="lq" name="hobby">
<label class="custom-control-label" for="lq">篮球</label>
</div>
<div class="custom-control custom-checkbox">
<input type="checkbox" class="custom-control-input" value="足球" id="zq" name="hobby">
<label class="custom-control-label" for="zq">足球</label>
</div>
<div class="custom-control custom-checkbox">
<input type="checkbox" class="custom-control-input" value="乒乓球" id="ppq" name="hobby">
<label class="custom-control-label" for="ppq">乒乓球</label>
</div>
<!-- <button class="btn btn-primary" id="send">提交</button> -->
<input type="button" class="btn btn-primary" id="send" value="提交">
</form><br>
<div id="info"> </div>
</div>
<script type="text/javascript">
document.getElementById("send").onclick = getVals;
function getVals() {
    var res = getCheckBoxRes('hobby');
    if(res.length < 1) {
        info.innerHTML = '请选择!!';
        return;
    }
    info.innerHTML = "我喜欢:" + res;
}
function getCheckBoxRes(Name) {
    var csObj = document.getElementsByName(Name);
    var checkVal = new Array();
    var k = 0;
    for(i = 0; i < csObj.length; i++) {
        if(csObj[i].checked) {
            checkVal[k] = csObj[i].value;
            k++;
        }
```

```
        }
        return checkVal;
}
</script>
<!-- <script src="js/jquery.min.js"></script>
<script src="js/bootstrap.min.js"></script>
<script src="js/bootstrap.bundle.min.js"></script> -->
</body>
</html>
```

8.1.3 Bootstrap4 模态框

模态框(Modal)是覆盖在父窗体上的子窗体。模态框以弹出对话框的形式出现,具有最小和最实用的功能集。务必将模态框的 HTML 代码放在文档的最高层级内(也就是说,尽量作为 body 标签的直接子元素),以避免其他组件影响模态框的展现或功能。

激活模态框,通过在一个起控制器作用的元素(例如:按钮)上添加 data-toggle="modal" 属性和 data-target 属性或者 href 属性,用于指向被控制的模态框。

data-dismiss 是 Bootstrap 里自定义的属性,若给一个元素设置 data-dimiss 属性,可以通过点击该元素达到让目标消失的效果。

1. 模态框的使用

模态框包含了模态框的头部、主体和一组放置于底部的按钮。点击例 8-4 中"打开模态框"按钮即可启动一个模态框。此模态框将从上到下逐渐浮现到页面前。

下面例子中的右上角"×"标记和模态框下面的按钮都使用了 data-dismiss="modal" 的属性,单击"×"标记和模态框下面的按钮都可以实现模态框消失。

【例 8-4】 实现模态框效果,如图 8-8 所示。

图 8-8 模态框效果

代码如下:
```
<!DOCTYPE html>
<html>
<head>
<meta charset="utf-8">
<title>模态框</title>
```

```html
<meta name="viewport" content="width=device-width, initial-scale=1">
<link rel="stylesheet" href="css/bootstrap.min.css" />
</head>
<body>
<div class="container">
<h2>模态框实例</h2>
<!-- 按钮:用于打开模态框 -->
<button type="button" class="btn btn-primary" data-toggle="modal" data-target="#myModal">
打开模态框
</button>
<!-- 模态框 -->
<div class="modal fade" id="myModal">
<div class="modal-dialog">
<div class="modal-content">
<div class="modal-header"> <!-- 模态框头部 -->
<h4 class="modal-title">模态框头部</h4>
<button type="button" class="close" data-dismiss="modal">&times;</button>
</div>
<div class="modal-body">模态框内容..</div><!-- 模态框主体 -->
<div class="modal-footer">   <!-- 模态框底部 -->
<button type="button" class="btn btn-primary" data-dismiss="modal">关闭</button>
</div>
</div>
</div>
</div>
<script src="js/jquery.min.js"></script>
<script src="js/bootstrap.min.js"></script>
<script src="js/bootstrap.bundle.min.js"></script>
</body>
</html>
```

2. 登录模态框的实现

拓展实现登录模态框及验证,效果如图8-9、图8-10所示。

图8-9 登录模态框布局效果

图8-10 登录模态框验证效果

代码如下：

```html
<!DOCTYPE html>
<html>
<head>
<meta charset="utf-8">
<title>登录模态框</title>
<meta name="viewport" content="width=device-width, initial-scale=1">
<link rel="stylesheet" href="css/bootstrap.min.css" />
</head>
<body>
<div class="container">
<span data-toggle="modal" data-target="#myModal">登录</span>
<!-- 模态框 -->
<div class="modal fade" id="myModal">
<div class="modal-dialog">
<div class="modal-content">
<div class="modal-header"><!-- 模态框头部 -->
<h4 class="modal-title">登录</h4>
<button type="button" class="close" data-dismiss="modal">&times;</button>
</div>
<div class="modal-body"><!-- 模态框主体 -->
<form name="logform">
<div class="form-group">
<label for="user">用户名：</label><span></span>
<input class="form-control" id="user" name="user" autofocus required placeholder="用户名不少于3位">
</div>
<div class="form-group">
<label for="pwd">密码：</label><span></span>
<input type="password" class="form-control" id="pwd" name="pwd" required placeholder="密码不少于6位">
</div>
</form>
</div>
<div class="modal-footer"><!-- 模态框底部 -->
<button type="button" class="btn btn-primary" id="send">提交</button>
<button type="button" class="btn btn-primary" data-dismiss="modal">关闭</button>
</div>
</div>
</div>
</div>
<script src="js/jquery.min.js"></script>
```

```html
<script src="js/bootstrap.min.js"></script>
<script src="js/bootstrap.bundle.min.js"></script>
</body>
</html>
```

3. 登录模态框交互功能的实现：登录的验证

增加样式和 JavaScript 代码，JavaScript 代码放在页面的最下方。

新增样式代码：

```
.form-group span{
    margin-left:1.25rem;
    color:brown;
}
```

新增 JavaScript 代码：

```
<script>
user = logform.user;
pass = logform.pwd;
document.getElementById("send").onclick = function() {
    if(/^[a-zA-Z]\w{2,15}$/.test(user.value)) {
        user.previousElementSibling.innerHTML = "";
    } else {
        user.previousElementSibling.innerHTML = "用户名格式有误";
    }
    if(/^\w{4,16}$/.test(pass.value)) {
        pass.previousElementSibling.innerHTML = "";
    } else {
        pass.previousElementSibling.innerHTML = "密码格式有误";
    }
}
</script>
```

8.2 Bootstrap4 弹性布局

8.2.1 Bootstrap4 内外边距样式类的引用

1. 外边距(margin)

m-* 代表 margin，即为元素的外边距。示例如下：

```
m-1          //相当于 margin:.25rem! important;
m-2          //相当于 margin:.5rem! important;
m-3          //相当于 margin:1rem! important;
m-4          //相当于 margin:1.5rem! important;
m-5          //相当于 margin:3rem! important;
```

2. 内边距(padding)

p-* 代表 padding，即为元素的内边距。示例如下：

p-1	//相当于 padding：.25rem！important；
p-2	//相当于 padding：.5rem！important；
p-3	//相当于 padding：1rem！important；
p-4	//相当于 padding：1.5rem！important；
p-5	//相当于 padding：3rem！important；

3. 内边距(padding)和外边距(margin)的各方向

t - * 用来设置 margin-top 或者 padding-top。b - * 用来设置 margin-bottom 或者 padding-bottom。l - * 用来设置 margin-left 或者 padding-left。r - * 用来设置 margin-right 或者 padding-right。x - * 用来设置包括 *-left 和 *-right。y - * 用来设置包括 *-top 和 *-bottom。如：引用 mr-3 是设置右外边距为 1rem。

8.2.2　Bootstrap4 Flex(弹性)布局

CSS3 弹性盒(Flexible Box 或 flexbox)，是一种当页面需要适应不同的屏幕大小以及设备类型时确保元素拥有恰当行为的布局方式。引入弹性盒布局模型的目的是提供一种更加有效的方式来对一个容器中的子元素进行排列、对齐和分配空白空间。

Bootstrap3 与 Bootstrap4 最大的区别就是 Bootstrap4 使用弹性盒子(flexbox)来布局，而不是使用浮动来布局。Bootstrap4 通过 .d-flex 样式类来控制页面的布局。弹性盒子是 CSS3 的一种新的布局模式，更适合响应式的设计。

【例 8-5】　实现弹性盒子效果，如图 8-11 所示。

图 8-11　弹性盒布局效果

代码如下：
使用 .d-flex 样式类创建一个弹性盒子容器，并设置三个弹性子元素：

```
<!DOCTYPE html>
<html>
<head>
<meta charset="utf-8">
<title> flexbox </title>
<link rel="stylesheet" href="css/bootstrap.min.css" />
</head>
<body>
<div class="container mt-3"><!-- 上外边距 1rem 的距离 -->
    <div class="d-flex p-3bg-secondary text-white">
        <div class="p-2bg-info">弹性子元素 1</div> <!-- 内边距 0.5rem 的距离 -->
        <div class="p-2bg-warning">弹性子元素 2</div>
```

```
            <div class="p-2bg-primary">弹性子元素 3</div>
        </div>
</div>
<script src="js/jquery.min.js"></script>
<script src="js/bootstrap.min.js"></script>
<script src="js/bootstrap.bundle.min.js"></script>
</body>
</html>
```

8.2.3　Bootstrap4 多媒体对象实现服饰列表页

1. 多媒体对象的使用

使用.media 和.media-body 样式类创建多媒体对象。多媒体对象常用来做 Web 端和移动端的新闻列表、产品列表、博客评论、微博等。Bootstrap 提供了很好的方式来处理多媒体对象(图像或视频)和内容的布局。

要创建一个多媒体对象,可以在容器元素上添加.media 样式类,然后将多媒体内容放到子容器上,子容器需要添加.media-body 样式类,然后添加外边距,内边距等效果：

```
<div class="media border p-3">
    <img src="img/z.jpg" alt="JS" class="mr-3" style="width:160px;">
    <div class="media-body">
        <h4>JavaScript+ Bootstrap 教程</h4>
        <p>学的不仅是技术,更是梦想!!! </p>
    </div>
</div>
```

2. 服饰列表页的实现

【例 8-6】　实现服饰列表页效果,如图 8-12～图 8-15 所示。

图 8-12　商品列表效果

图 8-13 鼠标移动到商品上的阴影效果

图 8-14 界面偏小时商品列表效果

图 8-15 单击汉堡按钮切换显示纵向导航菜单效果

代码如下：

<！DOCTYPE html>

<html>

```html
<head>
<meta charset="utf-8">
<title>首页</title>
<meta name="viewport" content="width=device-width,initial-scale=1">
<link rel="stylesheet" href="css/bootstrap.min.css" />
<style>
.carousel-inner img {      /* 图像占满横向宽度 */
    width:100%;
    height:100%;
}
.flex-fill{
    text-align:center;
}
.flex-fill img{            /* 底部导航图像 */
    width:1.7rem;
    margin-right:.3rem;
}
.media img{                /* 列表图像 */
    width:10rem;
    height:11.5rem;
}
a,a:visited{
    color:#FFC107;
}
.media:hover{
    box-shadow: 0 0 6px 0 #ccc;
}
</style>
</head>
<body>
<div class="container-fluid text-warning">
<nav class="navbar-expend-sm bg-dark fixed-bottom"> <!--固定导航栏-->
<div class="d-flex">
<div class="p-2 flex-fill"><img src="img/sy.gif">首页</div>
<div class="p-2 flex-fill"><img src="img/qb.gif">优惠</div>
<div class="p-2 flex-fill"><img src="img/gw.gif">购物</div>
<div class="p-2 flex-fill"><img src="img/wd.gif">我的</div>
</div>
</nav>
</div>
<nav class="navbar navbar-expand-md bg-dark navbar-dark">
<a class="navbar-brand" href="#"><img src="img/huaji.png" alt="logo" style="width:40px;">
</a>
```

```html
<button class="navbar-toggler" type="button" data-toggle="collapse" data-target="#collapsibleNavbar">
<span class="navbar-toggler-icon"></span>
</button>
<div class="collapse navbar-collapse" id="collapsibleNavbar">
<ul class="navbar-nav">
<li class="nav-item"><a class="nav-link" href="#">网站首页</a></li>
<li class="nav-item"><a class="nav-link" href="#">公司简介</a></li>
<li class="nav-item"><a class="nav-link" href="#">新品中心</a></li>
<li class="nav-item"><a class="nav-link" href="#">限时特惠</a></li>
<li class="nav-item"><a class="nav-link" href="#">关于我们</a></li>
<li class="nav-item"><a class="nav-link" href="#"> </a></li>
<li class="nav-item"><a class="nav-link" href="#">登录</a></li>
<li class="nav-item"><a class="nav-link" href="#">注册</a></li>
</ul>
</div>
</nav>
<div id="demo" class="carousel slide" data-ride="carousel">
<ul class="carousel-indicators"><!-- 指示符 -->
<li data-target="#demo" data-slide-to="0" class="active"></li>
<li data-target="#demo" data-slide-to="1"></li>
<li data-target="#demo" data-slide-to="2"></li>
</ul>
<div class="carousel-inner"><!-- 轮播图像 -->
<div class="carousel-item active"><img src="img/2.jpg"></div>
<div class="carousel-item"><img src="img/3.jpg"></div>
<div class="carousel-item"><img src="img/8.jpg"></div>
</div>
<!-- 左右切换按钮 -->
<a class="carousel-control-prev" href="#demo" data-slide="prev">
<span class="carousel-control-prev-icon"></span>
</a>
<a class="carousel-control-next" href="#demo" data-slide="next">
<span class="carousel-control-next-icon"></span>
</a>
</div>
<div class="container-fluid mb-3">
<div class="row">
<div class="p-3 col-md-6">
<div class="media border p-3">
<img src="img/dy.jpg" class="mr-3">
<div class="media-body">
<h4>长款羊毛呢</h4>
```

```html
<p>三彩2019冬季新款宽松长款羊毛呢子外套保暖双面呢毛呢大衣女
<h6 class="text-danger">￥860.00</h6>
</div>
</div>
</div>
<div class="p-3 col-md-6">
<div class="media border p-3 ">
<img src="img/sy.png" class="mr-3">
<div class="media-body">
<h4>仿羊羔毛外套</h4>
<p>冬季新款仿羊羔毛外套保暖毛呢小香风上衣
<h6 class="text-danger">￥360.00</h6>
</div>
</div>
</div>
<div class="p-3 col-md-6">
<div class="media border p-3 ">
<img src="img/qz.png" class="mr-3">
<div class="media-body">
<h4>仿羊羔毛裙子</h4>
<p>冬季新款仿羊羔毛外套保暖小香风裙子
<h6 class="text-danger">￥360.00</h6>
</div>
</div>
</div>
<div class="p-3 col-md-6">
<div class="media border p-3">
<img src="img/ds.png" class="mr-3">
<div class="media-body">
<h4>短款羊毛呢</h4>
<p>冬季新款宽松长款羊毛呢子外套保暖双面呢毛呢大衣女
<h6 class="text-danger">￥780.00</h6>
</div>
</div>
</div>
</div> <br/>
</div>
<script src="js/jquery.min.js"></script>
<script src="js/bootstrap.min.js"></script>
<script src="js/bootstrap.bundle.min.js"></script>
</body>
</html>
```

> 任务实施

1. 任务分析

本任务是采用 Bootstrap 响应式布局方式,结合 JavaScript 方法,综合实现响应式商品信息的管理(商品信息的展示、单项商品信息的删除、多项商品信息的删除、金额计算等)功能,如图 8-1 所示。页面的主体部分是响应式表格,表格每行有"删除"图标,实现单击"删除"图标执行删除当前行的操作,通过复选框选中多行,可以实现多项商品信息的删除效果。并根据商品的数量和单价计算单项商品金额,以及实现选中的多选商品总金额的计算和显示。

2. 页面布局

建立 tablecart.html 文件,引入后面建立的样式文件 comment.css 和 JavaScript 文件 table.js,参考 8.2.3 实现顶部导航和底部导航。

3. 商品数量显示的静态布局

实现商品数量的动态改变,首先实现布局,可以在<div>元素上添加 .btn-group 样式类来创建按钮组。中间加入文本框就有了如图 8-16 所示的静态布局效果,默认值设置为 1。为了后续实现动态效果,引用 .add 和 .minus 样式类来获取元素。代码如下:

```
<div class="btn-group">
<button type="button" class="btn btn-primary add">+</button>
<input value="1" />
<button type="button" class="btn btn-primary minus">-</button>
</div>
```

图 8-16 商品数量显示效果

中间文本框只是用来显示购买的数量,所以不用占用过大的空间,添加如下样式代码实现如图 8-17 所示的效果,缩小了默认空间,并使得文本框中的内容居中显示。

```
.btn-group input{
    width:3rem;
    text-align:center;
}
```

图 8-17 商品数量显示效果完善

4. 响应式表格布局

参考 6.4.5 实现响应式表格的布局。

每行的最后一个单元格为删除列,放有删除图像,单击图像,调用 delRow(this)函数实现删除本行的操作。对应的 delRow(this)函数(JavaScript 功能代码)的实现见步骤 5 购物信息的删除,本步骤先实现布局效果。

每行的第一个单元格的内容为复选框按钮,用来实现全选、全不选和多行删除等功能,见步骤 5 购物信息的删除。

最后一行跨列显示删除选中和结算选中商品的总金额，代码如下：

```html
<div class="container-fluid">
<div class="table-responsive-sm">
<table class="table table-hover table-sm" id="list">
<tr>
<th>
<div class="custom-control custom-checkbox">
<input type="checkbox" class="custom-control-input" id="all" onclick="all_check()">
<label class="custom-control-label" for="all">全选 </label>
</div>
</th>
<th>商品</th>
<th>描述</th>
<th>单价(元)</th>
<th>数量</th>
<th>金额</th>
<th>删除</th>
</tr>
<tr>
<td>
<div class="custom-control custom-checkbox">
<input type="checkbox" class="custom-control-input" id="ic1" name="ic" onclick="single_check()">
<label class="custom-control-label" for="ic1"> </label>
</div>
</td>
<td width="80"><img src="img/s1.jpg"></td>
<td width="170" align="left"><a>新款春装韩版长款两件套连衣裙女名媛欧根纱长袖裙套装长裙</a></td>
<td>699</td>
<td>
<div class="btn-group ">
<button type="button" class="btn btn-primary add">+</button>
<input value="1" />
<button type="button" class="btn btn-primary minus">-</button>
</div>
</td>
<td></td>
<td><img onclick="delRow(this)" src="img/del.png" /> </td>
</tr>
<!--商品信息行布局类似，可以拓展多行，这里省略 -->
<tr>
<th colspan="4"><span onclick="removeRow()">删除选中</span> </th>
<th>结算选中商品总金额：</th>
```

```html
        <th class="text-danger" colspan="2"> </th>
    </tr>
</table>
</div>
</div>
```

5. 购物信息的删除

(1) 动态删除表格的某行

table.deleteRow(index)用来删除指定位置的行。上一步骤中的每行最后一个单元格放有删除图像，单击图像，调用 delRow(this)函数实现删除本行的操作。实参 this 指当前被单击的图像，两次 parentNode 获取到图像按钮对应的行对象，通过行对象 rowIndex 属性获取当前行的行索引，根据行索引删除指定行。代码如下：

```javascript
var taObj = document.getElementById("list");        //通过表格的 id 属性值获取表格对象
function delRow(bt) {                               //实参 this 指当前被单击的图像按钮，两次
                                                    //  parentNode 获取到按钮对应的行对象
    var i = bt.parentNode.parentNode.rowIndex;      //rowIndex 指行的索引
    taObj.deleteRow(i);                             //根据索引删除指定行
}
```

(2) 动态删除表格的多行

通过复选框选中多行，实现多项商品信息的删除效果。

布局解析：

第一行的第一个单元格为实现全选和全不选功能的复选框按钮，步骤 4 中设置了它的 id 属性值为"all"，可以通过 document.getElementById()来访问到此复选框按钮。

步骤 4 中设置了除第一行的其他复选框按钮的 name 属性值为"ic"，可以通过 var oInput=document.getElementsByName("ic")访问到所有的非表头行中的复选框按钮。

(3) 全选和全不选功能

单击第一行的复选框按钮有全选和全不选功能，是通过 all_check()函数实现的。函数中循环遍历非表头行中的所有复选框按钮，将每个非表头行中的复选框按钮的 checked 属性值设置为和表头行中的复选框按钮选中状态一致，即 oInput[i].checked = all.checked；代码如下：

```javascript
var all=document.getElementById("all");                     //获取全选按钮对象
function all_check() {                                      //实现全选、全不选效果
    var oInput=document.getElementsByName("ic");            //获取非表头行中的所有复选框按钮
    for(i = 0; i < oInput.length; i++){
        oInput[i].checked = all.checked;
    }
}
```

(4) 内容行的选择功能

步骤 4 中除第一行的其他复选框按钮都绑定了单击事件，单击非表头行中的复选框按钮调用 single_check()函数，实现内容行的选择。在 single_check()函数中循环遍历非表头行中的所有复选按钮，计算非表头行中的所有复选按钮是否被全部选中，从而设置表头行中的全选按钮的状态。

当内容行全部选中时,就将表头行的复选框按钮设置为选中状态(checked 属性值设置为 true),否则设置为未选中状态(checked 属性值设置为 false)。代码如下:

```
function single_check() {
    var oInput = document.getElementsByName("ic");
    var j = 0;
    for(i = 0; i < oInput.length; i++){
        if(oInput[i].checked == true) {    //判断选中多少个非表头行中的复选框按钮
            j++;
        }
        if(j == oInput.length) {           //如果全部选中
            all.checked = true;            //设置表头行中的全选按钮为选中状态
        }
        else {
            all.checked = false;
        }
    }
}
```

(5)实现多项商品信息删除功能

removeRow()函数实现多项信息的删除功能,删除前要询问用户是否确定删除,避免误操作。在 removeRow()函数中循环遍历非表头行中的所有复选框按钮,判断当前循环到的复选框按钮是否选中,若选中就删除所在行。行索引比非表头行中的复选框按钮组的索引多 1,所以删除行的索引为 k + 1(k 为当前复选按钮框的索引)。经过删除的表格,部分行索引值会发生变化,所以每删除一行就要将索引复位。代码如下:

```
function removeRow() {
    var cheObj = document.getElementsByName("ic");
    if(confirm("确定要删除么?")) {
        for(var k = 0; k < cheObj.length; k++) {
            if(cheObj[k].checked) {        //获取当前要删除行的索引
                taObj.deleteRow(k + 1);
                k = -1;                    //索引复位
            }
        }
    }
}
```

6. 实现商品数量的动态增减

(1)"+"按钮和"-"按钮的访问

给每个"+"按钮和"-"按钮绑定事件以实现商品数量的动态增减,步骤 2 中为每个"+"按钮引用.add 样式类,为每个"-"按钮引用.minus 样式类,可以通过样式类来获取元素。代码如下:

```
var adds = document.getElementsByClassName("add");
var minus = document.getElementsByClassName("minus");
```

"+""-"按钮功能实现

getElementsByClassName()方法是根据样式类获取到的一组元素,adds 为获取到的所有"＋"按钮,minus 为获取到的所有"－"按钮。然后实现按钮组的功能:单击"＋"按钮或"－"按钮,按钮组中间的文本框的值递增或递减。

(2)"＋"按钮功能实现

循环遍历所有"＋"按钮,为所有的"＋"按钮绑定单击事件,使用匿名函数来处理事件,内容为 this.nextElementSibling.value＋＋;其中 this 为当前单击的"＋"按钮,nextElementSibling 为它的下一个兄弟元素(相同节点树层中的下一个元素节点),就是它右边的文本框。将此文本框的值加 1。代码如下:

```
for(var i = 0; i < adds.length; i++) {
    adds[i].onclick = function() {
        this.nextElementSibling.value++;    //实现单击文本框的值加 1
    }
}
```

(3)"－"按钮功能实现

循环遍历所有"－"按钮,为所有的"－"按钮绑定单击事件,使用匿名函数来处理事件,内容为 this.previousElementSibling.value－－;其中 this 为当前单击的"－"按钮,nextElementSibling 为它的前一个兄弟元素(相同节点树层中的前一个元素节点),就是它左旁边的文本框,将此文本框的值减 1。由于购买数量不能小于 1,所以在数量减之前要判断当前值是否够减。代码如下:

```
for(var i = 0; i < minus.length; i++) {
    minus[i].onclick = function() {
        if(this.previousElementSibling.value > 1) {    //判断当前值是否够减
            this.previousElementSibling.value--;
        }
    }
}
```

7. 实现单项商品总金额的计算

根据商品的数量和单价计算单项商品金额,count()函数实现计算单项商品金额功能,在 count()函数中获取表格的总行数,循环遍历每一行,在当前循环到的行中访问标签名称为"input"的第二个元素(每行中标签名称为"input"的第一个元素是复选框按钮,索引下标是从 0 开始的),即显示商品数量的文本框元素。获取此文本框的值(此商品的购买数量),将此文本框的值乘以该商品的单价即为该商品的总金额。函数要调用才能执行,所以在下面的语句"count();"实现函数的调用。代码如下:

```
function count() {
    var rs = taObj.rows;                              //获取表格的总行数
    for(var i = 1; i < rs.length - 1; i++) {
        var cc = rs[i].getElementsByTagName("input")[1].value;    //获取文本框的值
        price = rs[i].cells[3].innerHTML;             //获取商品单价
        rs[i].cells[5].innerHTML = price * cc;        //计算单项商品金额
    }
}
count();
```

每次单击"+"按钮和"-"按钮都要实现此项商品总金额的重新计算,都要调用 count() 函数。在步骤 6 中事件处理程序里要加入"count();"语句。

8. 实现选中商品总金额的计算

实现所有选中商品总金额的计算,每次选中状态的改变,都要重新计算选中的多项商品总金额。total()函数实现所有选中商品总金额的计算功能,在 total()函数中获取表格的总行数,循环遍历非表头行中的所有复选框按钮,判断当前循环到的非表头行中的复选框按钮是否选中,若选中就获取此商品的金额数,每项商品的金额数都计入 totalm 变量中,最后显示到表格的右下角。

行索引比非表头行中的复选框按钮的索引多1,"rs[i + 1].cells[5].innerHTML - 0;"语句中的 rs[i + 1]才是第 i 个非表头行中的复选框按钮对应的行对象。cells[5]是指第 6 个单元格,数字内容的字符串通过减0可以隐式转换为 number 类型(同样效果也可以通过使用 parseFloat()显示转换为 number 类型)。代码如下:

```
function total() {
    var rs = taObj.rows;
    var totalm = 0;
    var oInput = document.getElementsByName("ic");
    for(i = 0; i < oInput.length; i++)
        if(oInput[i].checked) {
            totalm += rs[i + 1].cells[5].innerHTML - 0;   //获取此商品的金额并计入总金额
        }
    rs[rs.length - 1].cells[2].innerHTML = totalm;   //展示选中商品总金额
}
```

选中状态的改变,发生在单击复选框按钮时,包括表头行的全选复选框按钮及非表头行中的复选框按钮,还发生在表格行的删除(包括商品信息的单项删除和多项删除)操作后,所以要在 all_check(),single_check(),delRow(bt),removeRow()里面调用 total()函数。

9. 购物列表页面整体代码

tablecart.html 的整体代码如下:

```html
<!DOCTYPE html>
<html>
<head>
<meta charset="utf-8">
<title>我的购物</title>
<meta name="viewport" content="width=device-width, initial-scale=1">
<link rel="stylesheet" href="css/bootstrap.min.css" />
<link rel="stylesheet" href="css/comment.css" />
</head>
<body>
<div class="container-fluid text-warning">
<nav class=" navbar-expend-sm bg-dark fixed-bottom">
<!--固定 导航栏-->
<div class="d-flex">
<div class="p-2 flex-fill"><a href="default.html"><img src="img/sy.gif">首页</a></div>
```

```html
        <div class="p-2 flex-fill"><img src="img/qb.gif">优惠</div>
        <div class="p-2 flex-fill"><a href="tablecart.html"><img src="img/gw.gif">购物</a></div>
        <div class="p-2 flex-fill"><img src="img/wd.gif">我的</div>
        </div>
        </nav>
        </div>
        <nav class="navbar navbar-expand-md bg-dark navbar-dark">
        <a class="navbar-brand" href="default.html"><img src="img/huaji.png" alt="logo" style="width:40px;"> </a>
        <button class="navbar-toggler" type="button" data-toggle="collapse" data-target="#collapsibleNavbar">
        <span class="navbar-toggler-icon"></span>
        </button>
        <div class="collapse navbar-collapse" id="collapsibleNavbar">
        <ul class="navbar-nav">
        <li class="nav-item">
        <a class="nav-link" href="default.html">网站首页</a>
        </li>
        <li class="nav-item">
        <a class="nav-link" href="#">公司简介</a>
        </li>
        <li class="nav-item">
        <a class="nav-link" href="#">新品中心</a>
        </li>
        <li class="nav-item">
        <a class="nav-link" href="#">限时特惠</a>
        </li>
        <li class="nav-item">
        <a class="nav-link" href="#">关于我们</a>
        </li>
        <li class="nav-item">
        <a class="nav-link" href="#"> </a>
        </li>
        <li class="nav-item">
        <a class="nav-link" href="#">登录</a>
        </li>
        <li class="nav-item">
        <a class="nav-link" href="#">注册</a>
        </li>
        </ul>
        </div>
        </nav>
        <h2>我的购物列表</h2>
        <div class="container-fluid">
```

```html
<div class="table-responsive-sm">
<table class="table table-hover table-sm" id="list">
<tr>
<th>
<div class="custom-control custom-checkbox">
<input type="checkbox" class="custom-control-input" id="all" onclick="all_check()">
<label class="custom-control-label" for="all">全选 </label>
</div>
</th>
<th>商品 </th>
<th>描述 </th>
<th>单价(元)</th>
<th>数量 </th>
<th>金额 </th>
<th>删除 </th>
</tr>
<tr>
<td>
<div class="custom-control custom-checkbox">
<input type="checkbox" class="custom-control-input" id="ic1" name="ic" onclick="single_check()">
<label class="custom-control-label" for="ic1"> </label>
</div>
</td>
<td width="80"><img src="img/s1.jpg"></td>
<td width="170" align="left"><a>新款春装韩版长款两件套连衣裙女名媛欧根纱长袖裙套装长裙</a></td>
<td>699</td>
<td>
<div class="btn-group ">
<button type="button" class="btn btn-primary add">+</button>
<input value="1" />
<button type="button" class="btn btn-primary minus">-</button>
</div>
</td>
<td></td>
<td><img onclick="delRow(this)" src="img/del.png" /> </td>
</tr>
<tr>
<td>
<div class="custom-control custom-checkbox">
<input type="checkbox" class="custom-control-input" id="ic2" name="ic" onclick="single_check()">
<label class="custom-control-label" for="ic2"> </label>
</div>
</td>
```

```html
<td><img src="img/s2.jpg"></td>
<td width="170" align="left">新款女装夏修身高腰长款连衣裙女雪纺短袖裙名媛粉色收腰长裙</td>
<td>399</td>
<td>
<div class="btn-group ">
<button type="button" class="btn btn-primary add">+</button>
<input value="1" />
<button type="button" class="btn btn-primary minus">-</button>
</div>
</td>
<td></td>
<td><img onclick="delRow(this)" src="img/del.png" /> </td>
</tr>
<tr>
<td>
<div class="custom-control custom-checkbox">
<input type="checkbox" class="custom-control-input" id="ic3" name="ic" onclick="single_check()">
<label class="custom-control-label" for="ic3"> </label>
</div>
</td>
<td><img src="img/s3.jpg"></td>
<td width="170" align="left">新款棉麻衬衫女短袖白色衬衣亚麻纯色百搭宽松上衣</td>
<td>268</td>
<td>
<div class="btn-group ">
<button type="button" class="btn btn-primary add">+</button>
<input value="1" />
<button type="button" class="btn btn-primary minus">-</button>
</div>
</td>
<td></td>
<td><img onclick="delRow(this)" src="img/del.png" /> </td>
</tr>
<tr>
<th colspan="4"><span onclick="removeRow()">删除选中</span> </th>
<th>结算选中商品总金额:</th>
<th class="text-danger" colspan="2"> </th>
</tr>
</table>
</div>
</div>
<script src="js/jquery.min.js"></script>
<script src="js/bootstrap.min.js"></script>
```

```html
<script src="js/bootstrap.bundle.min.js"></script>
<script src="js/table.js"></script>
</body>
</html>
```

comment.css 中的代码如下:

```css
h2{
    text-align: center;
    margin: 1.2rem;
}
.flex-fill{
    text-align: center;
}
.flex-fill img{
    width:1.7rem;
    margin-right: .3rem;
}
.btn-group input{
    width:3rem;
}
.table tr>td,.table tr>th,.btn-group input{
    white-space:nowrap;
    text-align: center;
    vertical-align: middle;
}
.table tr>td{
    font-size: 0.8rem;
}
a,a:visited{
    color:#FFC107;
}
```

JavaScript 文件 table.js 中的代码如下:

```javascript
var adds = document.getElementsByClassName("add");
var minus = document.getElementsByClassName("minus");
for(var i = 0; i < adds.length; i++) {
    adds[i].onclick = function() {
        this.nextElementSibling.value++;          //实现单击文本框的值加1
        count();
        total();
    }
}
for(var i = 0; i < minus.length; i++) {
    minus[i].onclick = function() {
        if(this.previousElementSibling.value > 1) {    //判断当前值是否够减
            this.previousElementSibling.value--;
```

```javascript
                count();
                total();
            }
        }
    }
    var taObj = document.getElementById("list");
    function count() {
        var rs = taObj.rows;                              //获取表格的总行数
        for(var i = 1; i < rs.length - 1; i++) {
            var cc = rs[i].getElementsByTagName("input")[1].value;    //获取文本框的值
            price = rs[i].cells[3].innerHTML;             //获取商品单价
            rs[i].cells[5].innerHTML = price * cc         //计算单项商品金额
        }
    }
    count();
    function total() {
        var rs = taObj.rows;
        var totalm = 0;
        var oInput = document.getElementsByName("ic");
        for(i = 0; i < oInput.length; i++)
            if(oInput[i].checked) {
                totalm += rs[i + 1].cells[5].innerHTML - 0;
            }
        rs[rs.length - 1].cells[2].innerHTML = totalm;
    }
    var all=document.getElementById("all");               //获取全选按钮对象
    function all_check() {                                //实现全选、全不选效果
        var oInput=document.getElementsByName("ic");      //获取非表头行中所有复选框按钮
        for(i = 0; i < oInput.length; i++){
            oInput[i].checked = all.checked;
        }
        total();
    }
    function single_check() {
        var oInput = document.getElementsByName("ic");
        var j = 0;
        for(i = 0; i < oInput.length; i++){
            if(oInput[i].checked == true) {               //判断选中多少个非表头行中的复选框按钮
                j++;
            }
            if(j == oInput.length) {                      //如果全部选中
                all.checked = true;                       //设置表头行中的全选按钮为选中状态
            }
            else {
```

```
                all.checked = false;
            }
        }
        total();
    }
    function delRow(bt) {          //实参指被单击的按钮,两次 parentNode 获取按钮对应的行对象
        var i = bt.parentNode.parentNode.rowIndex;          //rowIndex 指行的索引
        taObj.deleteRow(i);                                  //根据索引删除指定行
        total();
    }
    function removeRow() {
        var cheObj = document.getElementsByName("ic");
        if(confirm("确定要删除么?")) {
            for(var k = 0; k < cheObj.length; k++) {
                if(cheObj[k].checked) {                      //获取当前要删除行的索引
                    taObj.deleteRow(k + 1);
                    k = -1;                                  //索引回到最前端
                }
            }
        }
        total();
    }
```

同步练习

一、理论测试

1. 在 Bootstrap 框架中,表单元素<input>要加上下列哪个样式类,才能给表单元素<input>添加圆角属性和阴影效果(　　)。

　　A..form-group　　B..form-horizontal　　C..form-inline　　D..form-control

2. Bootstrap 框架中的.img-fluid 样式类可以让图像支持响应式布局,它的实现原理是(　　)。

　　A. 设置 max-width:100%;和 height:auto;

　　B. 设置 max-width:100%;和 height:100%;

　　C. 设置 width:auto;和 max-height:100%;

　　D. 设置 width:auto;和 height:auto;

3. 在移动端使用 Bootstrap 时,导航条在屏幕显示时会被折叠,实现显示和折叠功能的按钮需要如何处理(　　)。

　　A. 折叠按钮设置 data-toggle="collapsed",折叠容器需要添加.navbar-collapsed 样式类

　　B. 折叠按钮设置 data-toggle="collapse",折叠容器需要添加.navbar-collapsed 样式类

　　C. 折叠按钮设置 data-toggle="scroll",折叠容器需要添加.navbar-collapsed 样式类

　　D. 折叠按钮设置 data-spy="scroll",折叠容器需要添加.navbar-collapsed 样式类

4. 下面选项哪个样式类为表格和其中的每个单元格增加边框?(　　)

　　A..table-hover　　B..table-bordered　　C..table-condensed　　D..table

5.通过为表单添加下面（　　）样式类，可以将 label 标签和控件组水平并排布局。
A．form-control　　　B．form-inline　　　C．form-group　　　D．form-horizontal
6.Bootstrap 栅格系统关于屏幕大小的样式类前缀有（　　）。
A．col-xs　　　　　　B．col-xl　　　　　　C．col-lg　　　　　　D．col-mdo

二、实训内容

1.实现基于 Bootstrap 的商品优惠列表页面的设计与制作。

2.通过表格操作实现学生信息管理。

3.实现如图 8-18 所示的多媒体列表。

图 8-18　多媒体列表效果

4.实现如图 8-19 所示的图书信息全选和全不选功能。

图 8-19　图书信息全选效果

任务 9

实现商品优惠列表评价信息滑入效果

学习目标

- 理解 CSS3 过渡，掌握 CSS3 过渡的使用以及它的缩写语法。
- 理解 CSS3 转换，掌握 CSS3 2D 转换的使用（scale、rotate、skew、translate 等）。
- 掌握 CSS3 动画效果的制作（关键帧的使用）。
- 尝试使用 3D 转换。

任务描述

本任务实现商品优惠列表评价信息滑入效果，响应式商品优惠列表页布局为顶部导航栏，广告轮播图展示，主体内容为商品优惠列表的展示，如图 9-1 为页面初始效果。当鼠标移动到某一个商品上面时，商品左上角的文字变大，下面滑入商品评价信息，如图 9-2 所示。

图 9-1　优惠列表初始效果　　　　　图 9-2　优惠列表评价滑动展示效果

> 知识准备

9.1 CSS3 过渡(transition)

9.1.1 CSS3 过渡(transition)简介

在给超链接设置样式时,一般都会设置一个悬停状态(hover)的效果,这种方法能明显提醒用户鼠标指向的是一个超链接。这种方法对网站和用户之间的交互是非常简单实用的。使用 CSS 时悬停状态就是一个开关。它有一个默认状态,在鼠标悬停时马上切换到另一种状态。

按照 CSS 的传统方法,给链接(<a href="#">推荐</a>)增加一个悬停效果:

```
a:hover {
    font-size: 1.8rem;
    color: white;
    background-color: #008000;
}
```

只是在鼠标悬停时简单地修改了一下文字颜色、大小以及背景色,当鼠标悬停在链接上面时,链接会直接从第一种状态突变到第二种状态——相当于一个开关效果。

在上面的示例代码增加代码:"a{transition: all 2s ease 0s;}"(过渡声明),这时再把鼠标悬停在链接上,文字颜色、大小以及背景色都会从第一种状态平滑过渡到第二种状态。

注意:这里把过渡应用到了元素而不是悬停状态 hover 上。这样做是为了让元素的其他状态(如:active)也能设置不同的样式并拥有类似的效果。所以过渡声明要放在过渡效果开始的元素上。

9.1.2 过渡效果的使用

1. CSS3 过渡的使用规则

使用 CSS3 过渡,正如其名字所暗示的,可以让元素从一种样式逐渐改变为另一种状态。这种转换并不局限于悬停状态。CSS3 中的模块 transition,可以通过一些简单的 CSS 事件来触发元素的外观变化,让效果显得更加细腻。简单来说,就是通过鼠标的单击、获得焦点、被点击或对元素任何改变时触发,并平滑地以动画效果改变 CSS 属性值。要实现这一点,必须规定如下内容:

- 指定要添加效果的 CSS 属性。
- 指定效果的持续时间。
- 需要通过用户的行为(如点击、悬浮等)触发,可触发的方式(有:hover、:focus、:checked、媒体查询触发、JavaScript 触发等)。

CSS3 过渡效果涉及四个属性,也可以使用包含这四个属性的缩写。过渡属性及说明见表 9-1。

表 9-1　　　　　　　　　　　过渡属性及说明

属性	说明
transition	简写属性,用于在一个属性中设置四个过渡属性
transition-property	规定应用过渡的 CSS 属性的名称(比如 background-color、text-shadow 或者 all,使用 all 则过渡会被应用到每一个可能的 CSS 属性上)
transition-duration	定义过渡效果花费的时间。默认是 0(时间单位为秒,比如 3s、2s 或 1.5s)
transition-timing-function	规定过渡效果的时间曲线。默认是 ease。ease 规定慢速开始,然后变快,然后慢速结束的过渡效果。linear 规定以相同速度开始至结束的过渡效果
transition-delay	可选,用于定义过渡开始前的延迟时间。默认是 0。表示变化是瞬时的,看不到过渡效果。若将该值设置为一个负数,可以让过渡效果立即开始,但过渡旅程则会从半路开始

单独使用各种过渡属性创建转换效果的语法如下:

a｛

　／＊……其他样式……＊／

　transition-property：all;

　transition-duration：1s;

　transition-timing-function：ease;

　transition-delay：0s;

｝

为了得到更好的兼容性,要加上浏览器私有前缀。例如,上面代码换成简写声明并添加浏览器私有前缀后,四个值与上面的顺序一致,代码如下:

-o-transition：all 1s ease 0s;

-ms-transition：all 1s ease 0s;

-moz-transition：all 1s ease 0s;

-webkit-transition：all 1s ease 0s;

transition：all 1s ease 0s;

将没有前缀的标准版本放在了最后面,这样当浏览器完全实现了标准之后,最后这句代码就会覆盖之前带前缀的版本。CSS3 过渡、转换和动画的相关属性在兼容低版本浏览器时都需要加私有前缀。后面各节的例子将省略私有前缀部分的代码,在做练习的时候都可以省略,在页面调试完准备发布前可以根据实际的需求添加私有前缀。

2. CSS3 过渡的使用案例

可以在不同时间段内过渡不同属性。当一条规则要实现多个属性过渡时,这些属性不必步调一致。要添加多个样式的变换效果,添加的属性由逗号","分隔。实例如下:

【例 9-1】　多个样式的变换过渡效果,如图 9-3、图 9-4 所示。

代码如下:

```
<!DOCTYPE html>
<html>
<head>
<meta charset="utf-8">
<title>CSS3 transition</title>
<style>
```

图 9-3　开始时界面效果

图 9-4　逐渐过渡到最终界面效果

```
div {
    width:100px;
    height:100px;
    background:red;
    transition:background 2s,width 3s,height 8s;
}
div:hover {
    width:200px;
    height:200px;
    background:blue;
}
</style>
</head>
<body>
<div>鼠标移动到 div 元素上,查看过渡效果。</div>
</body>
</html>
```

3. 使用 JavaScript 触发过渡效果

使用:hover 和:focus 这样的伪类,可以很方便地将元素从一个样式切换到另一个样式,而且切换时会有过渡效果。但有时想要使用 JavaScript 来驱动过渡(即在 JavaScript 代码中触发过渡)也是可以实现的。

和普通过渡一样,先创建两个样式规则,一个是元素的初始状态,一个是过渡结束的状态(用 JavaScript 在合适的事件修改对应元素的样式)。

【例 9-2】 使用 JavaScript 触发过渡效果(transition),单击时触发过渡,如图 9-5、图 9-6 所示。

图 9-5 开始时界面效果

图 9-6 逐渐过渡到最终界面效果

代码如下:

```
<!DOCTYPE html>
<html>
<head>
<meta charset="utf-8">
<title>JavaScript 触发过渡效果</title>
<style type="text/css">
.test {
    background: red;
    width: 100px;
    height: 100px;
    transition: all 1s;
}
</style>
</head>
<body>
<div id="demo" class="test">JavaScript 触发过渡效果</div>
<script type="text/javascript">
var demo = document.getElementById("demo");
demo.onclick = function(){
    this.style.width = "300px"
    this.style.height = "300px"
}
</script>
</body>
</html>
```

【例9-3】 使用JavaScript触发过渡效果(transition)实现日夜景图像有过渡的切换,如图9-7、图9-8所示。日景和夜景是两张图像叠在一起的。夜景图初始透明度是0,覆盖在日景图上方。点击"看夜景"按钮,夜景图透明度逐渐从0过渡到1,看起来画面慢慢变成夜景。点击"看日景"按钮,夜景图透明度逐渐又从1过渡到0,看起来画面恢复成日景。

图 9-7 日景效果

图 9-8 逐渐过渡到的夜景效果

代码如下:

```html
<!DOCTYPE html>
<html>
<head>
<meta charset="utf-8">
<title>JavaScript触发过渡效果</title>
<style>
img {
    position: absolute;
    transition: opacity 5s;
}
.solid {
    opacity: 1;
}
.transparent {
    opacity: 0;
}
</style>
</head>
<body>
<button onclick="toNight()">看夜景</button>
<button onclick="toDay()">看日景</button>
<div>
<img src="img/day.jpg" alt="日景" />
<img src="img/night.jpg" alt="夜景" id="nightImage" class="transparent" />
</div>
```

```
<script>
    var nightImage = document.getElementById("nightImage");
    function toNight() {
        nightImage.className = "solid";
    }
    function toDay() {
        nightImage.className = "transparent";
    }
</script>
</body>
</html>
```

9.2 CSS3 2D 转换(transform)

转换的效果是让某个元素改变形状、大小和位置。CSS3 转换(也称为变形)可以对块级元素进行移动、缩放、转动、拉长或拉伸。有两种可用的 CSS3 转换:2D 转换和 3D 转换。

2D 转换的实现更广泛,浏览器支持更好,写起来也更简单些。CSS3 的 2D 转换模块允许使用的转换有:缩放 scale(),移动 translate(),旋转 rotate(),倾斜 skew()。

9.2.1 scale()方法

scale()方法用来缩放元素(用于增加或缩小元素的大小)。该元素增加或减少的大小,取决于宽度(X 轴)和高度(Y 轴)的参数。

示例:transform:scale(0.5);

【例 9-4】 缩放方法 scale()的应用,效果如图 9-9、图 9-10 所示。

图 9-9　转换开始前界面效果　　　　图 9-10　鼠标移动到元素上逐渐过渡到最终界面效果

代码如下:

```
<!DOCTYPE html>
<html>
```

```html
<head>
<meta charset="utf-8">
<title>CSS3 scale</title>
<style>
div {
    margin: 150px;
    width: 200px;
    height: 100px;
    background-color: yellow;
    border: 1px solid black;
    transition: all 1s;
}
div:hover{
    transform: scale(2,3);        /* 标准语法 */
}
</style>
</head>
<body>
<div>div元素的宽度是原始大小的两倍,高度是原始大小的三倍。</div>
</body>
</html>
```

9.2.2 translate()方法

translate()方法,根据左(X轴)和顶部(Y轴)位置给定的参数,从当前元素位置移动。

示例:transform: translate(40px, 0px);

translate()方法会告知浏览器按照一定度量值移动元素,可以使用像素或百分比。语法是第一个参数表示从左向右移动的距离(本例中是40像素),第二个参数是从上往下移动的距离(本例中是0像素)。

【例9-5】 实现元素从左边元素移动20像素,并从顶部移动60像素,如图9-11、图9-12所示。

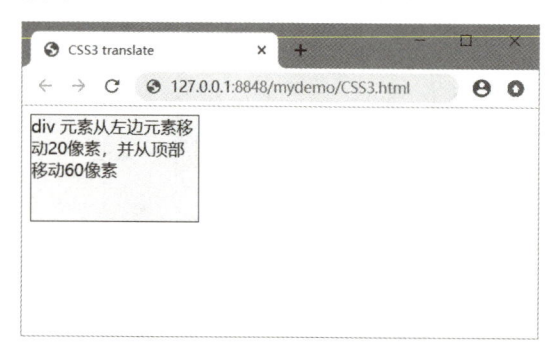

图9-11 移动开始前界面效果

图9-12 移动后最终界面效果

代码如下:
<!DOCTYPE html>

```
<html>
<head>
<meta charset="utf-8">
<title>CSS3 scale</title>
<style>
div {
    width：200px；
    height：100px；
    background-color：yellow；
    border：1px solid black；
    transition：all 1s；
}
div：hover {
    transform：translate(20px,60px)；
}
</style>
</head>
<body>
<div>div 元素从左边元素移动 20 像素,并从顶部移动 60 像素</div>
</body>
</html>
```

9.2.3　rotate()方法

rotate()方法,使得元素按照一个给定的度数进行顺时针旋转。参数是允许负值的,这样就使元素逆时针旋转。度数的单位是 deg,默认旋转的中心点是元素的中心点。

示例：transform：rotate(90deg)元素顺时针旋转 90 度。

【例 9-6】 元素顺时针旋转 30 度,如图 9-13、图 9-14 所示。

图 9-13　旋转开始前界面效果　　　　图 9-14　旋转后最终界面效果

代码如下：
```
<！DOCTYPE html>
<html>
<head>
<meta charset="utf-8">
<title>CSS3 rotate </title>
```

```
<style>
div {
    margin: 60px;
    width: 200px;
    height: 100px;
    background-color: yellow;
    border: 1px solid black;
    transition: all 1s;
}
div:hover {
     transform:rotate(30deg);
}
</style>
</head>
<body>
<div>元素顺时针旋转 30 度</div>
</body>
</html>
```

在一些复杂应用中,还可以使用 transform-origin 属性来修改转换效果的基点位置。设置元素转换的中心点。

语法格式如下:

transform-origin:x y

参数 x 和 y 用空格隔开,x,y 默认转换的中心点是元素的中心点(50%,50%)。还可以给 x,y 设置像素或者方位名词(top,bottom,left,right,center)。

9.2.4 skew()方法

倾斜 skew()方法也称为斜切,包含两个参数值,分别表示 X 轴和 Y 轴倾斜的角度,如果第二个参数为空,则默认为 0,参数为负表示向相反方向倾斜。

skewX(<angle>);表示只在 X 轴(水平方向)倾斜。

skewY(<angle>);表示只在 Y 轴(垂直方向)倾斜。

skew 示例:transform:skew(10deg, 2deg);

第一个值是 X 轴上的倾斜(本例中是 10 度),第二个值是 Y 轴上的倾斜(本例中是 2 度)。省略第二个值意味着仅有的值只会应用在 X 轴上(水平方向)。

【例 9-7】 元素在 X 轴上倾斜 30 度和 Y 轴上倾斜 20 度,如图 9-15、图 9-16 所示。

图 9-15　倾斜开始前界面效果　　　　　　图 9-16　倾斜后最终界面效果

代码如下：

```html
<!DOCTYPE html>
<html>
<head>
<meta charset="utf-8">
<title>CSS3 skew </title>
<style>
div {
    margin: 60px;
    width: 200px;
    height: 100px;
    background-color: yellow;
    border: 1px solid black;
    transition: all 1s;
}
div:hover {
    transform:skew(30deg,20deg);
}
</style>
</head>
<body>
<div>在 X 轴上倾斜 30 度和 Y 轴上倾斜 20 度</div>
</body>
</html>
```

9.3 CSS3 动画(animation)

9.3.1 CSS3 动画简介

过渡 transition 的优点在于简单易用,但是它有一定的局限性。

(1)transition 需要事件触发,所以没法自动发生。

(2)transition 是一次性的,不能重复发生,除非一再触发。

(3)transition 只能定义开始状态和结束状态,不能定义中间状态,也就是说只有两个状态。

animation 就是为了解决这些问题而提出的。animation 属性类似于 transition,它们都是随着时间改变元素样式的属性值,其主要区别在于:transition 需要触发一个事件才会随着时间改变元素样式的属性值;animation 在不需要触发任何事件的情况下,也可以显式地随时间变化来改变元素样式的属性值,达到一种动画的效果。

9.3.2 动画效果的使用

CSS3 的 animation 属性可以通过控制关键帧"@keyframes"来控制动画的每一步,实现更为复杂的动画效果。animation 实现动画效果主要由两部分组成：

（1）通过关键帧来声明一个动画。

（2）在 animation 属性中调用关键帧声明的动画，并规定动画的时长。

用百分比来规定变化发生的时间，或用关键词"from"和"to"，等同于 0% 和 100%。0% 是动画的开始，100% 是动画的完成。一个 @keyframes 中的样式规则可以由多个百分比构成，可以在这个规则上创建多个百分比，从而达到一种不断变化的效果。表 9-2 列出了 @keyframes 规则和所有动画属性。

表 9-2　　　　　　　　　　动画属性及说明

属性	说明
@keyframes	规定动画的关键帧，一个动画中可以有很多个关键帧
animation	所有动画属性的简写属性，除了 animation-play-state 属性
animation-name	规定 @keyframes 动画的名称
animation-duration	规定动画完成一个周期所花费的时间。默认是 0
animation-timing-function	规定动画的速度曲线。默认是 ease
animation-fill-mode	规定当动画不播放时（当动画完成时，或当动画有一个延迟未开始播放时），要应用到元素的样式。默认值为 none，动画结束时回到动画没开始时的状态；forwards，动画结束后继续应用最后关键帧的位置，即保存在结束状态；backwards，让动画回到第一帧的状态；both：轮流应用 forwards 和 backwards 规则
animation-delay	规定在开始执行动画时需要等待的时间。默认是 0
animation-iteration-count	规定动画被播放的次数。默认是 1。如果为 infinite，则无限次循环播放
animation-direction	规定动画是否在下一周期逆向地播放。默认是 normal，每次循环都是向前播放。若值为 alternate，动画在奇数次（1、3、5……）时正向播放，在偶数次（2、4、6……）时反向播放
animation-play-state	规定动画是否正在运行或暂停。默认是 running。paused 表示暂停，通常和鼠标经过等配合使用

animation-timing-function：规定动画的速度曲线，常用值见表 9-3。

表 9-3　　　　　　　　　　速度曲线常用值

值	描述
linear	动画从头到尾的速度是相同的，匀速
ease	默认。动画以低速开始，然后加速，结束前变慢
ease-in	动画以低速开始
ease-out	动画以低速结束
ease-in-out	动画以低速开始和结束

animation 简写属性更为常用，但需要按照属性的顺序写，如下：

animation：动画名称 持续时间 运动曲线 何时开始 次数 是否反方向 停留时的状态

例如：

animation：myfirst 5s linear 2s infinite alternate

如果使用默认值就可以省略，代码如下：

animation:myfirst 5s linear 0s infinite alternate

等同于：

animation：myfirst 5s linear infinite alternate

注意：

(1)简写属性里面不包括 animation-play-state 的成分。

(2)暂停动画:animation-play-state:paused;经常和如鼠标经过等属性配合使用。

(3)想要动画反向走回来,而不是直接跳回来:animation-direction:alternate。

(4)盒子动画结束后,停在结束位置:animation-fill-mode:forwards。

【例 9-8】 多个样式的动画效果,效果如图 9-17 所示,这是一个比较复杂的动画效果,通过百分比的形式将一个完整的动画拆分成了 5 个部分,除了首尾,其余每个部分都有不同的样式效果,采用该动画的元素就会按照设置的顺序和样式效果进行动画的过渡和展示。

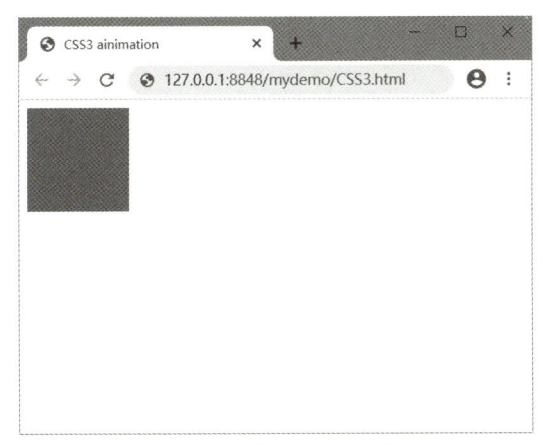

(a)动画初始或结束时效果　　　　　　　(b)当动画进行到 25％的时候的效果

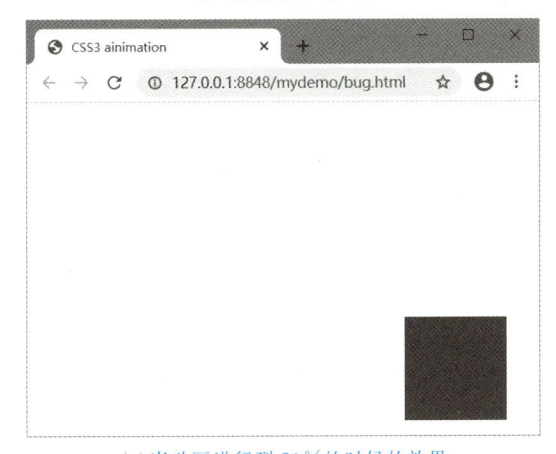

(c)当动画进行到 50％的时候的效果　　　　(d)当动画进行到 75％的时候的效果

图 9-17　动画效果

代码如下：

<！DOCTYPE html>

<html>

<head>

<meta charset="utf-8">

```html
<title>CSS3 animation</title>
<style>
div {
    width: 100px;
    height: 100px;
    background: red;
    position: relative;
    animation: myfirst 5s;            /* 通过 animation 调用动画 myfirst */
}
@keyframes myfirst {                  /* 通过@keyframes 创建了一个动画 myfirst */
    0% {                              /* 动画最初的时候,将 left 设置为 0px,top 设置为 0px */
        background: red;
        left: 0px;
        top: 0px;
    }
    /* 当动画进行到 25% 的时候,使用动画将 left 过渡到 360px,背景颜色过渡为黄色 */
    25% {
        background: yellow;
        left:360px;
        top: 0px;
    }
    /* 当动画进行到 50% 的时候,top 过渡到 200px,背景颜色过渡为蓝色, */
    50% {
        background: blue;
        left: 360px;
        top: 200px;
    }
    /* 当动画进行到 75% 的时候,使用动画将 left 过渡到 0px,背景颜色过渡为绿色 */
    75% {
        background: green;
        left: 0px;
        top: 200px;
    }
    /* 当动画结束的时候,过渡为初始状态 */
    100% {
        background: red;
        left: 0px;
        top: 0px;
    }
}
</style>
</head>
<body>
```

```
<div></div>
</body>
</html>
```

上例中增加样式代码如下：

```
div:hover {
    animation-play-state: paused
}
```

当鼠标移动到 div 上时，动画会停止。

animation 的属性值改为：myfirst 5s infinite alternate，动画就变成无限循环，并且由于使用了 alternate，动画在奇数次（1、3、5……）时正向播放，在偶数次（2、4、6……）时反向播放。

【例 9-9】 多个样式的动画，实现跳动的球效果如图 9-18 所示。

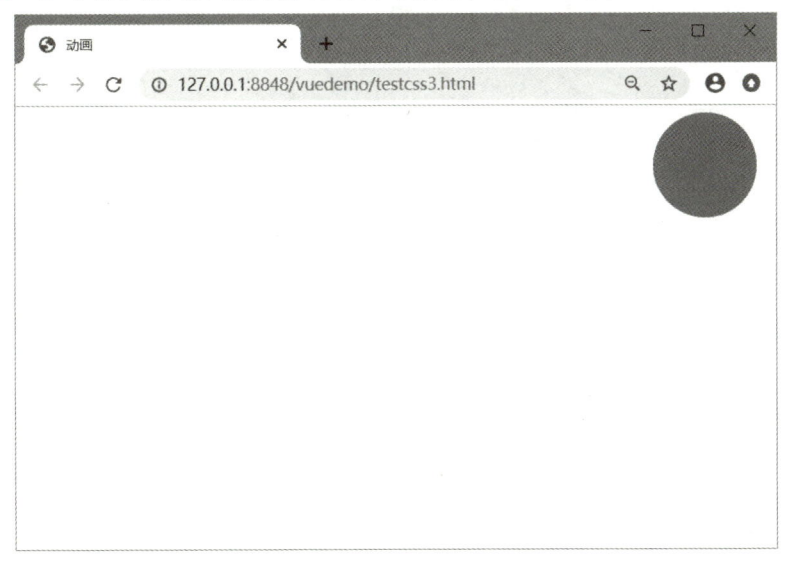

(a) 动画初始时效果

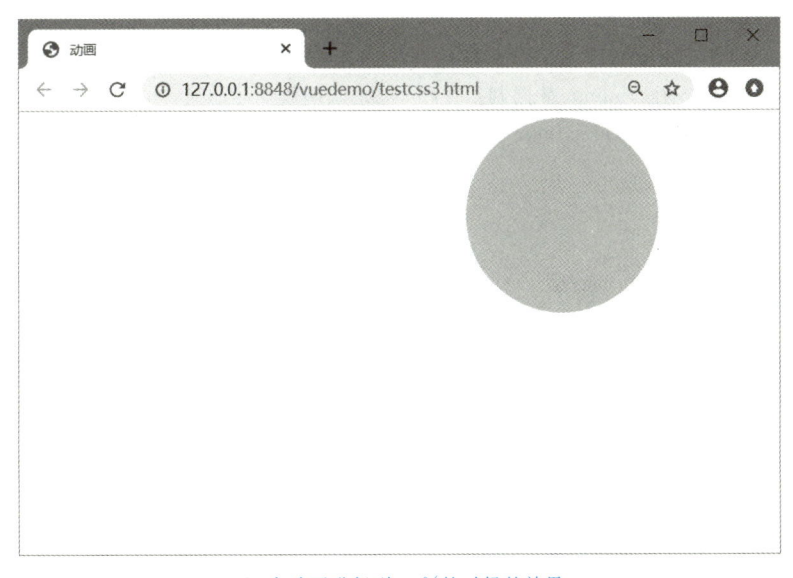

(b) 当动画进行到 30% 的时候的效果

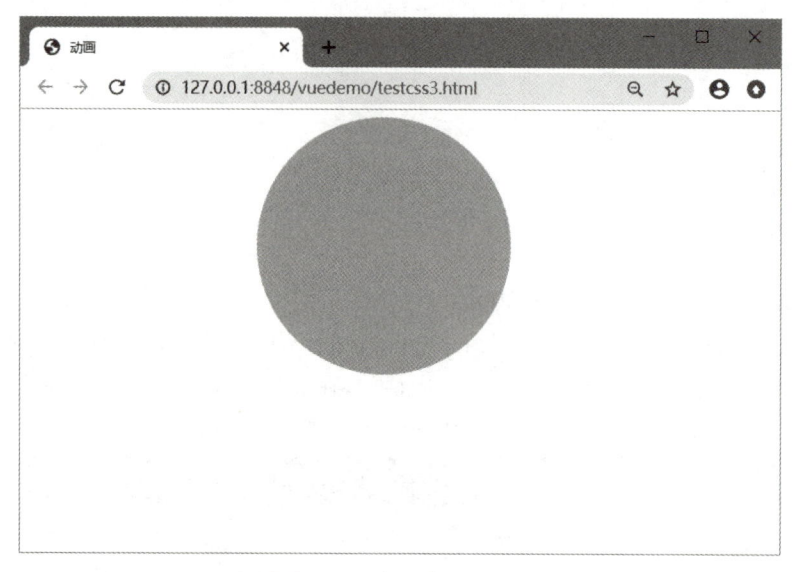

(c）当动画进行到 60％的时候的效果

图 9-18　跳动的球效果

代码如下：

```
<!DOCTYPE html>
<html>
<head>
<meta charset="utf-8">
<title>动画</title>
<style>
#div1 {
    width: 100px;
    height: 100px;
    border-radius: 50px;
    background: lightcoral;
    /*调用定义的动画，infinite 无限制执行，linear 动画函数线性动画 alternate 偶数次反向播放*/
    animation: ball 8s linear infinite alternate;
    position: relative;
}
#div1:hover {
    animation-play-state: paused
}
/*定义动画 名称为 ball*/
@keyframes ball {
    /*第一帧样式*/
    from {
        left: 600px;
        background: orangered;
    }
```

```
        /*动画执行到30%时样式*/
        30% {
            left: 400px;
            background: lightblue;
            width: 200px;
            height: 200px;
            border-radius: 100px;
        }
        /*动画执行到60%时样式*/
        60% {
            left: 200px;
            background: lightgreen;
            width: 300px;
            height: 300px;
            border-radius: 150px;
        }
        /*结束时样式*/
        to {
            left: 0;
            background: red;
        }
    }
    </style>
</head>
<body>
    <div id="div1"></div>
</body>
</html>
```

上例中的效果想变为动画延迟2秒被播放1次后停在结束位置,可以将上例中样式代码中的第6行修改为:"animation:ball 5s linear 2s forwards;"。

9.3.3 动画效果综合应用

calc(expression):calc()函数用于动态计算长度值。其中参数"expression"是一个表达式,用来计算长度的表达式。

示例:width:calc(100% － 260px);

运算规则如下:

1. 使用"＋""－""＊""/"四则运算。
2. 可以使用百分比、px、em、rem等单位。
3. 可以混合使用各种单位进行计算;calc()函数使用标准的数学运算优先级规则。
4. 表达式中有"＋"和"－"时,其前后必须要有空格,如"width:calc(12%＋5em)"这种没有空格的写法是错误的。

5. 表达式中有"＊"和"/"时，其前后可以没有空格，但建议留有空格。

浏览器对 calc() 的兼容性还算不错，若考虑到低版本同样需要在其前面加上各浏览器厂商的识别符。如下：

-moz-calc(expression)；　　　　/Firefox/
-webkit-calc(expression)；　　　/chrome safari/
calc()；　　　　　　　　　　　/＊ 标准 ＊/

【例 9-10】 滑稽笑脸的动画效果，当放到笑脸上时眼珠有转动效果，如图 9-19 所示，当单击笑脸时打开|关闭音乐。

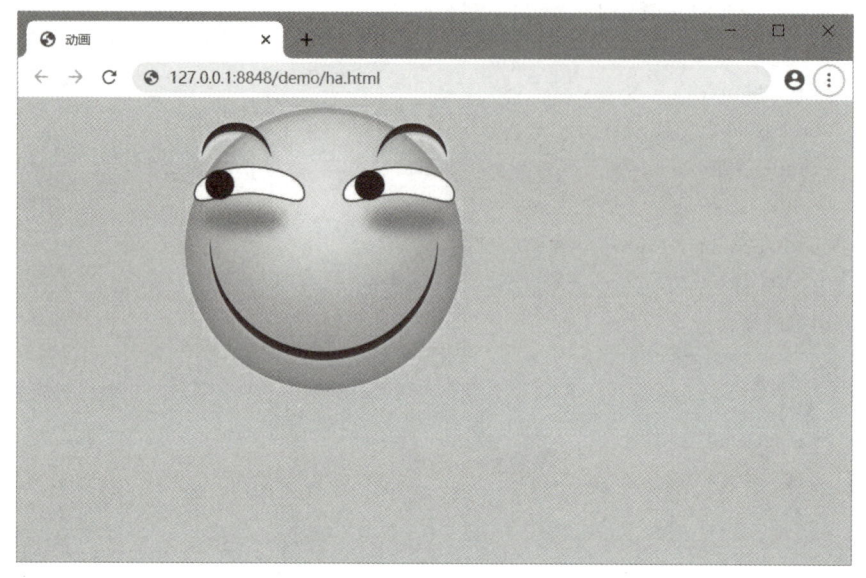

(a) 笑脸滑动效果

(b) 鼠标放到笑脸上时眼珠转动效果

图 9-19　滑动的笑脸效果

代码如下：

```html
<!DOCTYPE html>
<html>
<head>
<meta charset="utf-8">
<title>动画</title>
<style>
/*定义动画 名称为 haha*/
@keyframes haha {
    /*第一帧样式*/
    from {/*开始时，页面背景色为橙红色*/
        margin-left: calc(100% - 260px);        /*用来计算的表达式*/
        background: orangered;
    }
    /*动画执行到30%时，页面背景色变为淡蓝色*/
    30% {
        background: lightblue;
    }
    /*动画执行到60%时，页面背景色变为淡绿色*/
    60% {
        background: lightgreen;
    }
    /*结束时，页面背景色变为淡红色*/
    to {
        background: lightcoral;
    }
}
body {/*调用定义的动画,infinite 无限制执行,alternate 偶数次反向播放*/
    animation: haha 6s infinite alternate;
}
#div1 {
    width: 260px;
    height: 260px;
    /*简写时 background-size 要放在 background-position 后面并加上"/"*/
    background: url(img/huaji.png) no-repeat center/100%;
}
#div1:hover {                               /*鼠标放在笑脸上,转动眼睛效果*/
    transform: rotateY(180deg);
}
</style>
</head>
<body>
<audio id="audio" src="img/music.mp3" loop></audio>
```

```
<div id="div1"></div>
<script>
const startBtn = document.getElementById('div1');
const audio = document.getElementById('audio');
function player() {                            /*实现音乐的动态开关*/
    if(audio.paused) {
        audio.play();
        audio.volume = 0.5;                    //音量
    } else {
        audio.pause();
    }
}
startBtn.addEventListener('click', player);    /*鼠标单击笑脸,动态开关音乐效果*/
</script>
</body>
</html>
```

9.4 拓展:常用的 3D 转换

9.4.1 3D 转换常用属性和方法

在父级元素上设置透视 perspective,这样就开启了 3D 场景。

perspective:设置成透视效果,透视效果为近大远小。该属性值用于设置 3D 元素距离视图的距离,单位为像素,已经内置了,我们只需要写具体数值即可,默认值为 0。当为元素定义 perspective 属性时,其子元素会获得透视效果,而不是元素本身。

transform-style:用于设置嵌套的子元素在 3D 空间中显示的效果。它可以设置两个属性值,即 fat(子元素不保留其 3D 位置,默认值)和 preserve-3d(子元素保留它的 3D 位置)。

perspective-origin:设置 3D 元素所基于的 X 轴和 Y 轴,改变 3D 元素的底部位置,该属性取值同 transform-origin,默认值为 50% 50%。

9.4.2 3D 转换 rotateX()和 rotateY()的使用

rotateX()方法,元素围绕 X 轴旋转一个给定度数。
rotateY()方法,元素围绕 Y 轴旋转一个给定度数。

【例 9-11】 天鹅图像 3D 转换过渡效果,如图 9-20 所示。
代码如下:
```
<!DOCTYPE html>
<html>
<head>
<meta charset="utf-8" />
<title>rotateX</title>
<style type="text/css">
```

任务 9 实现商品优惠列表评价信息滑入效果

```
img{
    display：block；
    margin：100px auto；
    width：300px；
    transform：rotateX(80deg)；
    transition：all 1s；
}
</style>
</head>
<body>
<img src="img/te1.jpg" />
</body>
</html>
```

原图效果如图 9-20(a)所示，围绕 X 轴旋转 80 度后效果如图 9-20(b)所示。

(a)原图效果

(b)绕 X 轴旋转 80 度后效果

(c)有透视效果的绕 X 轴旋转 80 度效果

(d)有透视效果的绕 Y 轴旋转 80 度效果

图 9-20 3D 转换效果

要增加透视效果，需要将要进行 3D 转换的元素的上级元素增加 perspective 样式属性，perspective 透视的值越大，就表示视点与 3D 场景之间的景深越大。因此，如果想要一点隐约的 3D 效果，就增大透视值；如果想要非常明显的 3D 效果，则减小透视值。3D 效果的立体程度，取决于 3D 场景与观察者之间的距离。在上面代码的基础上增加如下代码，就有了如图 9-20(c)所示的效果。

```
body {
    perspective: 500px;
}
```

将样式代码中的 transform：rotateX(80deg)；改为 transform：rotateY(80deg)；，就有了如图 9-20(d)所示的效果。

9.4.3　3D 转换综合应用

【例 9-12】可以翻动的扑克牌效果，如图 9-21 所示。

(a) 3D 转换前界面效果　　　　　　　(b) 3D 转换中界面效果

图 9-21　扑克牌的 3D 转换效果

代码如下：

```
<!DOCTYPE html>
<html>
<head>
<meta charset="utf-8" />
<title> transform-style </title>
<style type="text/css">
body {
    perspective: 500px;
}
.box {
    margin: 100px auto;
    width: 180px;
    height: 276px;
    position: relative;
    transition: all 1s;
    transform-style: preserve-3d;  /* 为背面的元素添加立体空间，要在它的上级元素添加
                                      transform-style 属性 */
}
```

```css
.box:hover {
    transform: rotateY(180deg);
}
.front, .back {
    width: 100%;
    height: 100%;
    position: absolute;
    background-size: 100%;
}
.back {
    transform: rotateY(180deg);
    background-image: url(img/zheng.jpg);
}
.front {
    background-image: url(img/fan.jpg);
}
</style>
</head>
<body>
<div class="box">
<div class="back"></div>
<div class="front"> </div>
</div>
</body>
</html>
```

任务实施

1. 任务分析

本任务是采用 Bootstrap 响应式布局方式,通过 CSS3 转换来实现商品优惠列表评价信息滑入效果,响应式商品优惠列表页布局为顶部导航栏,广告轮播图展示,主体内容为商品优惠列表的展示,页面要求适应 PC 和移动端,页面初始效果如图 9-1 所示。当鼠标移动到某一个商品上面时,商品左上角的文字变大,下面滑入商品评价信息如图 9-2 所示。

2. 页面布局

建立 list.html 文件,引入后面建立的样式文件 list.css 文件。

list.html 文件页面布局参考 7.2.3 服饰列表页的导航栏、广告轮播和底部导航部分。页面主体部分设置三个相等的列,每一个商品的信息占一列,需要使用的样式类.row 和 .col-sm-4 快速制作网格布局。.text-center 样式类的引用,使得信息内容居中显示,.p-3 样式类的引用,相当于 1rem 的内边距,自定义样式类.list 的引用用来隐藏溢出的内容。代码如下:

```html
<div class="container-fluid">
<div class="row">
```

```html
<div class="col-sm-4 text-center p-3 list ">
    <img src="img/lxx.jpg">
    <div class="bg"></div>
    <div class="wenzi">特价优惠</div>
    <p>旅行箱</p>
    <button type="button" class="btn btn-info">加入购物车</button>
    <p><span class="text-secondary">原价￥380.00 </span><span class="text-danger">现价￥260.00</span></p>
    <div class="ping">用户评价:体验好,物美价廉质量很好做工也不错</div>
</div>
<!--每个列表项的商品信息布局类似,可以拓展多项,这里省略 -->
</div>
</div>
```

list.css 文件增加如下代码实现布局效果：

```css
.carousel-innerimg{                    /*广告图像占满总宽度*/
    width:100%;
}
a,a:visited{
    color:#FFC107;
}
.flex-fill{
    text-align:center;
}
.flex-fill img{       /*底部导航图像*/
    width:1.7rem;
    margin-right:.3rem;
}
.list>img{            /*列表项 图像*/
    width:13rem;
    height:15rem;
    border:#0099FF solid 1px;
}
.list{
    overflow:hidden;
}
.list:hover{          /*列表项盒阴影*/
    box-shadow:0 0 1px 2px orange inset;
}
```

3. 商品优惠列表评价信息滑入效果

list.css 文件在上步骤基础上增加如下代码实现评价信息滑入效果：

```css
.ping{                /*评价模块的样式*/
    background:orange;
```

```css
    width:100%;
    position:absolute;
    left:-2px;
    bottom:-48px;
    padding:2px;
    z-index:1;
    color:white;font-size:.9rem;
    transition:all .6s linear;     /*规定以相同速度开始至结束的过渡效果*/
}
.list:hover .ping{                 /*评价上移*/
    transform:translatey(-51px);
}
```

list.css 文件再增加如下代码可以实现商品左上角"特价优惠"倾斜放大展示效果：

```css
.bg{                               /*"特价优惠"的背景样式*/
    width:35px;
    height:200px;
    background:orange;
    position:absolute;
    top:-50px;
    left:28px;
    transform:rotate(45deg);       /*元素顺时针旋转45度*/
    z-index:3;
}
.wenzi{
    z-index:4;                     /*"特价优惠"文字在最高层*/
    font-weight:bold;
    position:absolute;
    top:26px;
    left:18px;
    color:red;
    font-size:16px;
    transition:all .6s linear;
    transform:rotate(-45deg);      /*元素逆时针旋转45度*/
}
.list:hover .wenzi{                /*"特价优惠"文字变大*/
    font-size:20px;
}
```

4. 商品优惠列表页整体代码

```html
<!DOCTYPE html>
<html>
<head>
<meta charset="utf-8">
<title>商品优惠列表</title>
```

```html
<meta name="viewport" content="width=device-width,initial-scale=1">
<link rel="stylesheet" href="css/bootstrap.min.css" />
<link rel="stylesheet" href="css/list.css" />
</head>
<body>
<div class="container-fluid text-warning">
<nav class=" navbar-expend-sm bg-dark fixed-bottom">
<div class="d-flex"><!--固定 导航栏-->
<div class="p-2 flex-fill"><a href="default.html"><img src="img/sy.gif">首页</a></div>
<div class="p-2 flex-fill"><img src="img/qb.gif">优惠</div>
<div class="p-2 flex-fill"><a href="tablecart.html"><img src="img/gw.gif">购物</a></div>
<div class="p-2 flex-fill"><img src="img/wd.gif">我的</div>
</div>
</nav>
</div>
<nav class="navbar navbar-expand-md bg-dark navbar-dark">
<a class="navbar-brand" href="#"><img src="img/huaji.png" alt="logo" style="width:40px;">
</a>
<button class="navbar-toggler" type="button" data-toggle="collapse" data-target="#collapsibleNavbar">
<span class="navbar-toggler-icon"></span>
</button>
<div class="collapse navbar-collapse" id="collapsibleNavbar">
<ul class="navbar-nav">
<li class="nav-item">
<a class="nav-link" href="#">网站首页</a>
</li>
<li class="nav-item">
<a class="nav-link" href="#">公司简介</a>
</li>
<li class="nav-item">
<a class="nav-link" href="#">新品中心</a>
</li>
<li class="nav-item">
<a class="nav-link" href="#">限时特惠</a>
</li>
<li class="nav-item">
<a class="nav-link" href="#">关于我们</a>
</li>
<li class="nav-item">
<a class="nav-link" href="#"> </a>
</li>
<li class="nav-item">
```

```html
<a class="nav-link" href="#">登录</a>
</li>
<li class="nav-item">
<a class="nav-link" href="#">注册</a>
</li>
</ul>
</div>
</nav>
<div id="demo" class="carousel slide" data-ride="carousel">
<!-- 指示符 -->
<ul class="carousel-indicators">
<li data-target="#demo" data-slide-to="0" class="active"></li>
<li data-target="#demo" data-slide-to="1"></li>
<li data-target="#demo" data-slide-to="2"></li>
</ul>
<!-- 轮播图像 -->
<div class="carousel-inner">
<div class="carousel-item active">
<img src="img/xb3.jpg">
</div>
<div class="carousel-item">
<img src="img/xb5.jpg">
</div>
<div class="carousel-item">
<img src="img/xb6.jpg">
</div>
</div>
<!-- 左右切换按钮 -->
<a class="carousel-control-prev" href="#demo" data-slide="prev">
<span class="carousel-control-prev-icon"></span>
</a>
<a class="carousel-control-next" href="#demo" data-slide="next">
<span class="carousel-control-next-icon"></span>
</a>
</div>
<div class="container-fluid">
<div class="row">
<div class="col-sm-4 text-center p-3 list">
<img src="img/lxx.jpg">
<div class="bg"></div>
<div class="wenzi">特价优惠</div>
<p>旅行箱</p>
<button type="button" class="btn btn-info">加入购物车</button>
```

<p><span class="text-secondary">原价￥380.00 </span><span class="text-danger">现价￥260.00</span></p>

　　<div class="ping">用户评价：体验好，物美价廉质量很好做工也不错</div>

　　</div>

　　<div class="col-sm-4 text-center p-3 list ">

　　<img src="img/x.jpg">

　　<div class="bg"></div>

　　<div class="wenzi">特价优惠</div>

　　<p>旅行箱</p>

　　<button type="button" class="btn btn-info">加入购物车</button>

　　<p><span class="text-secondary">原价￥280.00 </span><span class="text-danger">现价￥190.00</span></p>

　　<div class="ping">用户评价：质量很好，做工精细，挺大的能装下很多东西，电脑都没问题，满意。</div>

　　</div>

　　<div class="col-sm-4 text-center p-3 list">

　　<img src="img/yqx1.jpg">

　　<div class="bg"></div>

　　<div class="wenzi">特价优惠</div>

　　<p>仪器箱包装箱 </p>

　　<button type="button" class="btn btn-info">加入购物车</button>

　　<p><span class="text-secondary">原价￥200.00 </span><span class="text-danger">现价￥160.00</span></p>

　　<div class="ping">用户评价：质量很好，款式简单好看，价格实惠，特别满意</div>

　　</div>

　　</div>

　　</div>

　　<script src="js/jquery.js"></script>

　　<script src="js/bootstrap.min.js"></script>

　　<script src="js/bootstrap.bundle.min.js"></script>

　　</body>

　　</html>

同步练习

一、理论测试

1. CSS3 中，提供的 transition 属性实现了什么（　　）。

　　A. 过渡　　　　　　B. 平移　　　　　　C. 旋转　　　　　　D. 倾斜

2. CSS3 中用什么来定义过渡动画的时间（　　）。

　　A. transition-property　　　　　　B. transition-timing-function

　　C. transition-duration　　　　　　D. transition-delay

3. 使用 CSS3 过渡效果"transition：width .5s ease-in .1s;"，其中".5s"对应的属性是（　　）。

A. transition-property：对象中的参与过渡的属性

B. transition-duration：对象过渡的持续时间

C. transition-timing-function：对象中过渡的动画类型

D. transition-delay：对象延迟过渡的时间

4. 要实现在 X 轴倾斜 30 度，下面正确的是（　　）。

　　A. skew(30deg,30deg)　　　　　　B. skewY(3deg)

　　C. skew(0,30deg)　　　　　　　　D. skewX(30deg)

5. 要实现 margin-top 的过渡效果，下面正确的是（　　）。

　　A. transition：margin-top 2s；　　B. transition-property：margin-top 2s；

　　C. transition-duration：margin-top 2s；　　D. transition-delay：margin-top 2s；

6. 以下哪项属于 transform 属性的值？（　　）

　　A. translate()　　B. rotate()　　C. scale()　　D. skew()

7. 让一个名为 fade 的动画持续执行并且在第一次开始时延迟 0.5s 开始，每次动画执行 1s，以下代码正确的是（　　）。

　　A. animation：fade 1s 0.5s infinite　　B. animation：fade 0.5s 1s infinite

　　C. animation：fade 1s 0.5s linear　　D. 以上都不正确

8. CSS3 中，提供了 transform-origin 属性实现（　　）。

　　A. 中心点变换　　B. 平移　　C. 旋转　　D. 倾斜

二、实训内容

1. 改版思政网站，在原有基础上增加文字动态滑入效果。

2. 实现旋转的小风车动画。

3. 拓展实现小风车控制暂定旋转和开始旋转功能（如鼠标放在风车上停止转动，离开继续转动）。如图 9-22 所示。

图 9-22　旋转的风车

参考文献

[1] [美] Eric T. Freeman, Elisabeth Robson. Head First JavaScript 程序设计[M]. 袁国忠,译. 北京:人民邮电出版社,2017.

[2] 郑丽萍. JavaScript 与 jQuery 案例教程[M]. 北京:高等教育出版社,2018.

[3] 刘万辉. 网页设计与制作[M]. 北京:高等教育出版社,2018.

[4] 郑丽萍. JavaScript 移动开发项目教程[M]. 北京:人民邮电出版社,2020.

[5] 黑马程序员. 响应式 Web 开发项目教程[M]. 北京:人民邮电出版社,2017.

[6] 程乐. JavaScript 程序设计实例教程[M]. 2版. 北京:人民邮电出版社,2020.

[7] 卢淑萍. JavaScript 与 jQuery 实战教程[M]. 北京:清华大学出版社,2015.